"创新设计思维"
数字媒体与艺术设计类新形态丛书

全|彩|微|课|版

# Photoshop CC

## 数码摄影后期实战教程

修图＋调色＋抠图＋特效＋合成

互联网＋数字艺术教育研究院 策划

何璞 廖春琼 主编

罗杨 于东明 钱丽璞 副主编

人民邮电出版社
北 京

**图书在版编目（ＣＩＰ）数据**

Photoshop CC数码摄影后期实战教程：修图、调色、抠图、特效、合成：全彩微课版 / 何璞，廖春琼主编. -- 北京：人民邮电出版社，2023.4（2024.4重印）
（"创新设计思维"数字媒体与艺术设计类新形态丛书）

ISBN 978-7-115-61277-9

Ⅰ．①P… Ⅱ．①何… ②廖… Ⅲ．①图像处理软件—教材 Ⅳ．①TP391.413

中国国家版本馆CIP数据核字(2023)第036583号

## 内 容 提 要

本书由浅入深、循序渐进地介绍了使用图像编辑软件 Photoshop CC 进行数码摄影后期处理的操作方法和技巧。全书共 13 章，分别介绍了数码摄影后期的基础知识、数码摄影后期的基础操作、二次构图、瑕疵修复、影调处理、色彩调整、特殊色彩效果制作、抠图技法、艺术特效添加、合成技法、人像照片修饰、风景照片美化，以及 RAW 格式照片编辑。

本书具有很强的实用性，适合作为高等院校艺术类相关课程的教材，也适合作为广大数码摄影后期处理爱好者的参考书。

♦ 主　　编　何　璞　廖春琼

　　副主编　罗　杨　于东明　钱丽璞

　　责任编辑　许金霞

　　责任印制　王　郁　陈　犇

♦ 人民邮电出版社出版发行　　　北京市丰台区成寿寺路 11 号

　邮编　100164　电子邮件　315@ptpress.com.cn

　网址　https://www.ptpress.com.cn

　雅迪云印（天津）科技有限公司印刷

♦ 开本：787×1092　1/16

　印张：13.75　　　　　　　　　　2023 年 4 月第 1 版

　字数：423 千字　　　　　　　　2024 年 4 月天津第 2 次印刷

定价：89.80 元

读者服务热线：(010)81055256　印装质量热线：(010)81055316
反盗版热线：(010)81055315
广告经营许可证：京东市监广登字 20170147 号

Photoshop是Adobe公司推出的专业图像编辑软件，集图像编辑、版式设计、创意合成等功能于一体，深受广大平面设计人员和多媒体技术爱好者的喜爱，是各类设计人员必备的软件工具。新版本的Photoshop 2022在原有版本的基础上更进一步加强了图像编辑功能。本书基于Photoshop 2022软件，由浅入深、全面系统地介绍了使用Photoshop进行数码摄影后期处理的基本知识和操作方法。通过本书的学习，读者可以把基本知识和实际操作相结合，并能够全面掌握使用Photoshop进行数码摄影后期处理的各种操作技巧。

## 本书特点

本书内容全面、案例丰富，在介绍基础知识和基本操作的同时列举了大量典型实例，具有较强的实战性。通过这些实例的练习，读者能够快速掌握使用Photoshop进行数码摄影后期处理的方法和技巧，从而能达到融会贯通、灵活运用的目的。

**知识讲解：**详细介绍摄影后期处理的基础知识，以及使用Photoshop进行数码照片处理的方法与技巧等，实用性强。

**实战练习：**结合相关知识点设置大量的实操练习，操作步骤讲解详细，帮助读者理解与掌握所学的知识。

**操作提示：**归纳总结重要的知识点和操作技巧，能有效地激发读者的学习兴趣，培养读者举一反三的能力。

**视频讲解：**本书所有案例均配有微课视频讲解，扫描书中二维码即可观看，有助于提高读者的实践能力。

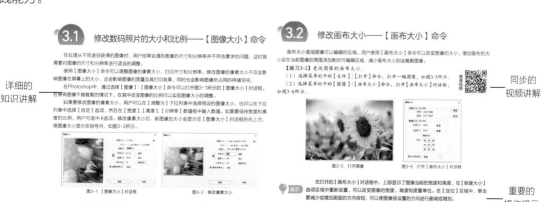

详细的知识讲解

同步的视频讲解

重要的操作提示

丰富的实战练习

本书提供了丰富的教学资源，读者可登录人邮教育社区（www.ryjiaoyu.com），在本书页面中下载。

**微课视频**：本书提供所有案例讲解的微课视频二维码，扫码即可观看。

2.3.5 使用【导航器】面板

【导航器】面板不仅可以方便地对图像在文档窗口中的显示比例进行调整，还可以对图像的显示区域进行选择。选择【窗口】|【导航器】命令可以在工作区中显示【导航器】面板。

【练习2-9】使用【导航器】面板查看图像。

（1）选择【文件】|【打开】命令，选择并打开一幅图像。选择【窗口】|【导航器】命令，打开【导航器】面板，如图2-48所示。

（2）【导航器】面板的数值框中显示了图像的显示比例，在数值框中输入数值可以改变显示比例，如图2-49所示。

图2-48 打开【导航器】面板　　　　　　　图2-49 改变显示比例

**素材和效果文件**：本书提供了所有案例需要的素材和效果文件，素材和效果文件均以案例编号命名。

素材文件　　　　　　效果文件

**教学辅助文件**：本书提供PPT课件、教学大纲、拓展案例库、拓展素材资源等。

PPT课件　　　教学大纲　　　拓展案例库　　　拓展素材资源

编者

2023年1月

# 目 录

# 第4章
# 瑕疵修复

# 第5章
# 影调处理

# 第6章
# 色彩调整

# 第7章
# 特殊色彩效果制作

# 第 8 章
# 抠图技法

# 第 9 章
# 艺术特效添加

# 第 10 章
# 合成技法

# 第 11 章
# 人像照片修饰

# 第12章 风景照片美化

# 第13章 RAW 格式照片编辑

# 第 1 章 | 数码摄影后期的基础知识

本章简单介绍了与数码照片相关的名词及Photoshop的工作界面等。通过本章内容的学习，读者能掌握数码照片处理的基础知识，为日后创作打下坚实的基础。

## 1.1 数码照片的相关知识

使用数码相机拍摄的照片需要以数字图像形式传输到计算机中进行处理。计算机中的图像分为位图和矢量图两种类型，数码照片属于位图。在学习如何进行数码照片处理之前，我们需要先了解一些关于数码照片的知识。

### 1.1.1 关于位图

位图是由许多像素组成的图像，可以有效地表现阴影和颜色的细节层次。在技术上，位图又被称为栅格图像。位图的图像质量与分辨率有着密切的关系，如果在屏幕上以较大的倍数放大显示或以过低的分辨率打印，位图会出现锯齿状的边缘，丢失细节，如图1-1所示。

图1-1 位图

### 1.1.2 什么是像素

数码照片的像素是由数码相机中光电传感器上的光敏元件数量所决定的。一个光敏元件对应一个像素，因此光敏元件越多，像素越多，拍摄出的照片越细腻、清晰。通常说的数码相机都以像素为标示，即以百万像素为单位，从200万像素到几千万像素不等，以满足不同的摄影需求。

在Photoshop中，像素（Pixel）是组成图像的最基本单元，它是一个小的矩形颜色块。一幅图像通常由许多像素组成，这些像素被排成横行或纵列。当使用【缩放】工具将图像放到足够大时，我们就可以看到类似马赛克的效果；此时一个小矩形块就是一个像素，也可以称为栅格。每个像素都有不同的颜色值，单位长度内的像素越多，分辨率越高，图像质量就越好。

### 1.1.3 数码照片的分辨率

分辨率指的是单位面积中的像素数量。数码照片的分辨率决定了其最终能打印出的图片的大小和清晰度，以及在计算机显示器上所能显示的画面大小和清晰度。数码相机分辨率的高低取决于CCD像素的多少，CCD像素越多，拍出的照片分辨率就越高。

图像分辨率的单位是ppi（Pixels per Inch），即每英寸（1英寸=2.54厘米）所包含的像素数量。如果图像分辨率是72ppi，即表示每英寸包含72像素。图像分辨率越高，意味着每英寸所包含的像素越多，图像就有越多的细节，颜色过渡就越平滑。图像分辨率和图像文件大小之间有着密切的关系。图像分辨率越高，所包含的像素越多，图像的信息量就越大，因而图像文件也就越大。

## 1.1.4 常用的颜色模式

数码照片的颜色是衡量照片质量的重要指标之一，颜色在呈现数码照片方面扮演着举足轻重的角色。颜色模式决定了用什么方法来显示和打印所处理的数码照片的颜色，我们只有了解颜色模式，才能精确地修饰和制作数码照片。Photoshop提供了多种颜色模式。用户只需选择【图像】|【模式】命令，在打开的子菜单中即可选择需要的颜色模式。常用的颜色模式主要有以下几种。

### 1. 位图模式

位图模式使用两种颜色（黑和白）来表示图像中的像素。位图模式的图像也叫作黑白图像。

### 2. 灰度模式

灰度模式可以使用多达256级灰度来表现图像，使图像颜色的过渡更平滑细腻。灰度图像的每个像素有0（黑色）至255（白色）之间的亮度值。灰度值也可以用黑色油墨覆盖的百分比来表示（0%表示白色，100%表示黑色）。灰度色是指纯白、纯黑，以及两者之间一系列从黑到白的过渡色。平常所说的黑白照片、黑白电视中的"黑白"，实际上被称为灰度色是更确切的。灰度色不包含任何色相，即不存在红色、黄色这样的颜色，但灰度色隶属于RGB色域（色域指色彩范围）。

选择【图像】|【模式】|【灰度】命令，打开图1-2所示的提示对话框，单击【扔掉】按钮，即可将图像转换为灰度模式。

图1-2 提示对话框

### 3. 双色调模式

双色调模式通过1～4种自定油墨创建单色调、双色调（两种颜色）、三色调（3种颜色）和四色调（4种颜色）的灰度图像。对于用专色的双色输出，双色调模式增大了灰色图像的色调范围，因为双色调会使用不同的彩色油墨重现不同的灰阶。

### 4. 索引模式

索引模式可生成最多256种颜色的8位图像文件。当图像转换为索引模式时，Photoshop将构建一个颜色查找表，用于存放图像中的颜色供人查找。如果原图像中的某种颜色没有出现在该表中，则程序将选取最接近的一种或以现有颜色来模拟该颜色。

选择【图像】|【模式】|【索引颜色】命令，打开图1-3所示的【索引颜色】对话框，设置该对话框中的各项参数，然后单击【确定】按钮，即可将图像转换为索引模式。

### 5. RGB模式

RGB模式是Photoshop默认的图像颜色模式，它由红（R）、绿（G）和蓝（B）3种基本颜色组合而成。通常，该颜色模式是首选模式，因为它提供的功能最多且操作最为灵活。除此之外，它还拥有一个比其他大多数颜色模式更为宽广的色域。

RGB模式基于自然界中3种基色光的混合原理，将红（R）、绿（G）和蓝（B）3种基色按照从0（黑）到255（白色）的亮度值在每个色阶中分配，从而指定其颜色。当不同亮度的基色混合后，便会产生256×256×256种（约1670万种）颜色。

选择【图像】|【模式】|【RGB模式】命令，可将图像转换为RGB模式。图1-4所示为在【通道】面板中查看RGB模式。

图1-3 【索引颜色】对话框

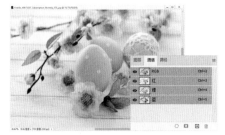

图1-4 RGB模式

## 6. CMYK模式

CMYK模式是一种基于印刷处理的颜色模式。与RGB模式类似。C、M、Y是3种印刷油墨英文名称的首字母：Cyan（青色）、Magenta（洋红）、Yellow（黄色）。而K取的是Black的最后一个字母，之所以不取首字母，是为了避免与蓝色（Blue）混淆。CMYK模式在本质上与RGB模式没有区别，只是产生颜色的原理不同。在RGB模式中，由光源发出的色光混合生成颜色；而在CMYK模式中，由光线照到有不同比例的C、M、Y、K油墨的纸上，部分光被吸收，反射到人眼中的光产生颜色。

选择【图像】|【模式】|【CMYK颜色】命令，打开图1-5所示的提示对话框，单击【确定】按钮，即可将图像转换为CMYK模式。图1-6所示为在【通道】面板中查看CMYK模式。

图1-5 提示对话框

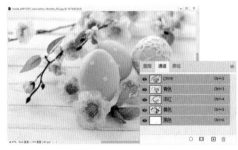

图1-6 CMYK模式

## 7. Lab模式

Lab模式是以一个亮度分量L及两个颜色分量a和b来表示颜色的。其中L的取值范围是0～100，a分量代表由绿色到红色的光谱变化，而b分量代表由蓝色到黄色的光谱变化，a和b的取值范围均为−120～120。Lab模式所包含的颜色范围最广，能够包含RGB模式和CMYK模式中的所有颜色，所以用户在转换不同颜色模式时会以Lab模式为中介，这样就会尽可能减少颜色损失。图1-7所示为在【通道】面板中查看Lab模式。

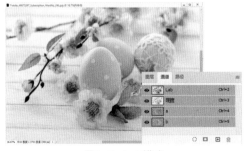

图1-7 Lab模式

## 8. 多通道模式

多通道模式是一种减色模式。若将彩色图像的一个或多个通道删除，颜色模式将会自动转换为只包含剩余颜色通道的多通道模式，如图1-8所示。此颜色模式多用于特殊打印。

图1-8　转换为多通道模式

### 1.1.5 常用的图像格式

随着印刷数字化进程的加快，数码相机已逐渐成为主要的图像输入设备之一。数码相机所采集的信息量极大地影响着后续的图像效果，而影响信息量的一个主要因素是数码照片所使用的图像格式。

#### 1. JPEG格式

JPEG格式适用于数码照片的自然图像记录，是图像的压缩格式，具有高度的通用性，已成为数码图像的标准格式。其数据压缩方法是把不影响图像质量的信息优先舍弃。JPEG格式可以通过改变压缩参数来改变压缩效率，这是JPEG格式的优点。其缺点是提高压缩效率会使图像的噪点更加明显。另外，JPEG格式的压缩也叫非可逆压缩，也就是说，JPEG格式的图像不能完全还原为压缩前的状态。

#### 2. TIFF格式

一般来说，如果拍摄的数码照片是用于印刷出版的，那么采用非压缩的TIFF格式是最好的。TIFF格式是高图像质量的图像格式，是由Microsoft公司和Aldus公司（现已被Adobe公司收购）开发的。TIFF格式的图像文件较大，数据的读取、写入比其他格式费时。

#### 3. RAW格式

RAW格式图像不能直接用于编辑。RAW格式是CCD或CMOS在将光信号转换为电信号时对电平高低的原始记录，是单纯地将数码相机记录的图像数据进行数字化处理得到的。RAW格式的数据只能保存在硬盘中，利用相关的处理软件将其转换成JPEG、TIFF格式。进行转换时，用户可任意设置白平衡等参数，调整曝光补偿的余地比JPEG格式、TIFF格式大，效果也更好。若转换后JPEG格式文件的大小为2.2MB，则RAW格式文件的大小可能为6～7MB。所以说，RAW格式是追求高画质专业摄影的必然选择，而普通的家庭摄影，不一定需要使用RAW格式。

#### 4. PSD格式

PSD格式是Photoshop的专用图像格式，它能保存图像的每一个细节，可存储成RGB模式或CMYK模式，也允许自定义颜色数量进行存储。它能保存图像中各图层的效果和相互关系，使各图层之间相互独立，以便对单独的图层进行修改和制作各种特效。其唯一缺点就是占用的存储空间较大。

#### 5. BMP格式

BMP格式是Windows平台上的标准图像格式，是专门为【画笔】软件和【画图】软件建立的。这种格式支持1～24位颜色深度，使用的颜色模式可为RGB模式、索引模式、灰度模式和位图模式等，且与设备无关。

#### 6. GIF格式

GIF格式是由CompuServe提供的一种图像格式。由于GIF格式可以用LZW方式进行压缩，因此它被广泛应用于通信领域和HTML网页文档中。不过，这种格式仅支持8位图像文件。

# 1.2 Photoshop快速掌握

Photoshop是最为流行的图形图像编辑软件之一。Photoshop强大的图像修饰和色彩调整功能可修复图像素材的瑕疵、调整图像素材的色彩和色调，并且可以自由合成多张图像素材，从而获得令人满意的图像效果。Photoshop中包含大量操作简单且设计人性化的工具、操作命令和滤镜效果。用户可以根据所处理照片的需求，选择需要的工具或命令等。

## 1.2.1 熟悉工作界面

启动Photoshop后，打开任意图像文件，即可显示【基本功能】工作区，如图1-9所示。该工作区由菜单栏、工具面板、选项栏、面板、文档窗口和状态栏等部分组成。下面将分别介绍工作区中各个部分的功能及其使用方法。

图1-9 【基本功能】工作区

### 1. 菜单栏

菜单栏是Photoshop中的重要组成部分。Photoshop按照功能分类，提供了【文件】、【编辑】、【图像】、【图层】、【文字】、【选择】、【滤镜】、【3D】、【视图】、【增效工具】、【窗口】、【帮助】12个菜单，如图1-10所示。

Ps 文件(F) 编辑(E) 图像(I) 图层(L) 文字(Y) 选择(S) 滤镜(T) 3D(D) 视图(V) 增效工具 窗口(W) 帮助(H)

图1-10 菜单栏

单击其中一个菜单，即可打开相应的菜单列表，如图1-11所示。每个菜单都包含多个命令，如果命令显示为浅灰色，则表示该命令目前为不可执行状态；而命令带有 ▶ 符号，表示该命令还包含多个子命令。

有些命令右侧的按键组合代表该命令的快捷键，按下该字母组合即可快速执行该命令，如图1-12所示；有些命令右侧只提供了快捷键字母，此时按下Alt键+菜单右侧的快捷键字母，再按下命令右侧的快捷键字母，即可执行该命令。

图1-11　打开菜单列表　　　　　　　　　图1-12　使用快捷键

命令带省略号，则表示执行该命令后，工作区中会显示相应的设置对话框，如图1-13所示。

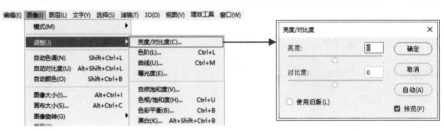

图1-13　打开设置对话框

### 2．工具面板

Photoshop的工具面板中包含很多工具图标，依照功能与用途大致可分为选取、编辑、绘图、修图、路径、文字、填色及预览类工具。

单击工具面板中的工具图标，即可选中并使用该工具。如果某工具图标右下方有一个三角形符号，则表示该工具还有弹出工具组，如图1-14所示。长按该工具图标则会出现一个工具组，单击其中的工具图标即可切换不同的工具，也可以按住Alt键单击工具面板中的工具图标以切换工具组中不同的工具。另外，还可以通过组合键来选择工具，工具名称后的按键即是工具组合键。

工具面板底部还有3组如图1-15所示的图标。【填充颜色】图标用于设置前景色与背景色，【工作模式】图标用来选择以标准工作模式还是快速蒙版工作模式进行图像编辑，【更改屏幕模式】图标用来切换屏幕模式。

图1-14　工具组　　　　　　　　　　　图1-15　工具面板图标

### 3．选项栏

选项栏在Photoshop中具有非常重要的作用，它位于菜单栏的下方。当用户选中工具面板中的任意工具时，选项栏就会显示相应的工具属性设置选项，如图1-16所示。用户可以很方便地利用它来设置工具的各种属性。

（a）【矩形选框】工具选项栏

（b）【画笔】工具选项栏

（c）【渐变】工具选项栏

图1-16　选项栏

在工具选项栏中设置完参数后，如果想将该工具选项栏中的参数恢复为默认设置，可以在选项栏左侧的工具图标处右击，在弹出的快捷菜单中选择【复位工具】命令或【复位所有工具】命令，如图1-17所示。选择【复位工具】命令，即可将当前工具选项栏中的参数恢复为默认设置。如果想将所有工具选项栏中的参数均恢复为默认设置，可以选择【复位所有工具】命令。

图1-17 复位工具

### 4．面板

面板是Photoshop工作区中经常使用的组成部分，主要用来配合图像的编辑、对操作进行控制以及设置参数等。在默认情况下，面板位于工作区的右侧。

在默认情况下，常用的一些面板位于工作区右侧的堆栈中。单击其中一个面板名称，即可切换到对应面板，如图1-18所示。关于一些未显示的面板，可以通过选择【窗口】菜单中相应的命令使其显示在工作区内，如图1-19所示。

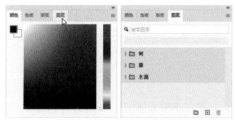

图1-18 切换面板

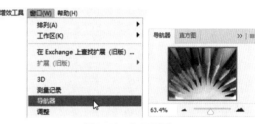

图1-19 打开面板

对于暂时不需要的面板，可以将其折叠或关闭，以增大文档窗口显示区域的面积。单击面板右上角的 ▸▸ 按钮，可以将面板折叠为图标，如图1-20所示。单击面板右上角的 ◂◂ 按钮可以展开面板。用户可以通过面板菜单中的【关闭】命令关闭面板，或者选择【关闭选项卡组】命令关闭面板组，如图1-21所示。

图1-20 折叠面板

图1-21 关闭面板

Photoshop将二十几个功能面板进行了分组，显示的功能面板默认会被拼贴在固定区域。如果要将面板组中的面板移动到固定区域之外，可以单击面板的名称，并按住鼠标左键将其拖动到面板组以外，将该面板变成浮动式面板，放置在工作区中的任意位置，如图1-22所示。

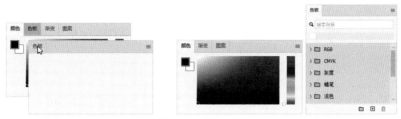

图1-22 拆分面板

在一个面板的名称处单击，然后按住鼠标左键将其拖动到另一个面板上，当目标面板周围出现蓝色边框时释放鼠标左键，即可将两个面板组合在一起，如图1-23所示。

为了节省空间，用户还可以将面板停靠在工作区右侧的边缘位置，或者与其他的面板、面板组停靠在一起。在面板上方的标题栏或选项卡位置按住鼠标左键，将其移动到另一个面板组或另一个面板边缘，当看到一条蓝色线条时，释放鼠标左键即可将该面板停靠在其他面板或面板组的边缘位置，如图1-24所示。

 　　　　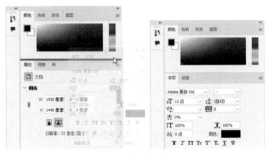

图1-23　组合面板　　　　　　　　　　　　　　图1-24　停靠面板

 学习完本节，可能会打开一些不需要的面板或打乱工作区中的面板位置。逐个重新拖动调整，费时又费力，这时选择【窗口】|【工作区】|【复位基本功能】命令就可以将凌乱的工作区恢复为默认状态。

### 5. 文档窗口

文档窗口是图像内容的所在位置。打开的图像文件默认以选项卡模式显示在工作区中，其上方的标签会显示图像文件的相关信息，包括文件名、显示比例、颜色模式和位深度等，如图1-25所示。

### 6. 状态栏

状态栏位于文档窗口底部，用于显示诸如当前图像的显示比例、文件大小以及当前使用工具的简要说明等信息。在状态栏最左端的文本框中输入数值，然后按下Enter键，可以改变图像在文档窗口的显示比例。单击右侧的⟩按钮，从弹出的菜单中可以选择状态栏显示的信息，如图1-26所示。

图1-25　文档窗口　　　　　　　　　　图1-26　选择状态栏显示的信息

## 1.2.2　自定义工作区

在实际操作中，有些面板比较常用，有些面板则几乎不会使用。用户可以利用【窗口】菜单关闭部分面板，只保留必要的面板。

选择【窗口】|【工作区】|【新建工作区】命令可以存储当前工作区的状态，以便随时使用。在打开的图1-27所示的【新建工作区】对话框中，为工作区设置一个名称，同时在【捕捉】选项区域中选择修改过的工作区元素，接着单击【存储】按钮，即可存储当前工作区。再次选择【窗口】|【工作区】命令，在图1-28所示的子菜单中可以选择上一步新建的工作区。

图1-27 【新建工作区】对话框

图1-28 选择自定义工作区

选择【窗口】|【工作区】|【删除工作区】命令，打开图1-29所示的【删除工作区】对话框，在对话框中的【工作区】下拉列表中选择需要删除的工作区，然后单击【删除】按钮，即可删除存储的自定义工作区。

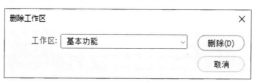
图1-29 【删除工作区】对话框

## 1.3 查看直方图

直方图可用于判断数码照片影调是否正常。直方图使用图形表示图像中每个亮度级别的像素数量及像素的分布情况，对数码照片的影调调整起着至关重要的作用。

### 1.3.1 认识【直方图】面板

选择【窗口】|【直方图】命令，打开图1-30所示的【直方图】面板。打开的面板以默认的紧凑视图显示，该直方图代表整个图像。若要将该面板以其他视图显示，则单击面板右上角的面板菜单按钮，打开面板菜单。

图1-30 打开【直方图】面板

在【直方图】面板菜单中选择【全部通道视图】命令，即可以全部通道视图显示各个通道的直方图；若在【通道】下拉列表中选择【明度】选项，此时可显示复合通道及其他各个通道的明度，如图1-31所示。

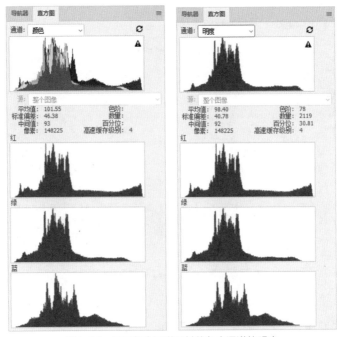

图1-31　显示复合通道及其他各个通道的明度

在【直方图】面板菜单中选择【扩展视图】选项，此时可以方便地选择各个通道的直方图，查看数据，如图1-32所示。

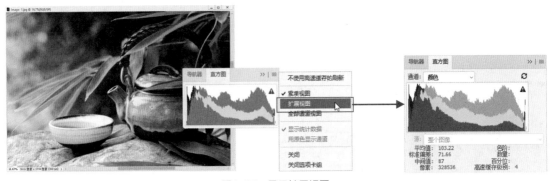

图1-32　显示扩展视图

【直方图】面板的下方还显示有【平均值】、【标准偏差】、【中间值】、【像素】、【色阶】、【数量】、【百分位】、【高速缓存级别】等数据。

- **【平均值】**：该项表示图像的平均亮度值。
- **【标准偏差】**：该项表示当前图像亮度值的变化范围。
- **【中间值】**：该项表示图像亮度值变化范围内的中间值。
- **【像素】**：该项表示用于计算直方图的像素总数。
- **【色阶】**：该项用于显示鼠标指针在直方图位置区域的亮度色阶。
- **【数量】**：该项用于显示鼠标指针在直方图位置区域的亮度色阶像素总数。
- **【百分位】**：该项显示鼠标指针在直方图位置区域的亮度色阶或该色阶以下的像素累计数。该值表示为图像中所有像素的百分数，从最左侧的0到最右侧的100%。
- **【高速缓存级别】**：该项显示当前用于创建直方图的图像高速缓存级别。

## 1.3.2 查看照片影调

使用【直方图】面板可以查看图像阴影区域、中间调和高光区域的信息，以确定数码照片的影调是否正常。在【直方图】面板中，直方图的左侧代表了图像的阴影区域，中间代表了中间调，右侧代表了高光区域。

当山峰分布在直方图左侧时，说明图像的细节集中在阴影区域，中间调和高光区域缺乏像素，在通常情况下，该图像为低调图像，如图1-33所示。当山峰分布在直方图右侧时，说明图像的细节集中在高光区域，中间调和阴影区域缺乏细节，在通常情况下，该图像为高调图像，如图1-34所示。

图1-33 低调图像

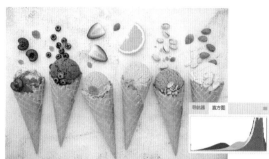
图1-34 高调图像

当山峰分布在直方图中间时，说明图像的细节集中在中间调，如图1-35所示。一般情况下，这表示图像的整体色调效果较好，但有时色彩的对比效果可能不够强烈。当山峰分布在直方图的两侧时，说明图像的细节集中在阴影和高光区域，中间调缺少细节，如图1-36所示。

图1-35 中间调图像

图1-36 中间调缺少细节的图像

当直方图的山峰起伏较小时，说明图像的细节在阴影区域、中间调和高光区域分布得较为均匀，色彩之间的过渡较为平滑，如图1-37所示。在直方图中，如果山脉没有横跨直方图的整个长度，说明阴影或高光区域缺少必要的像素，这样会导致图像缺乏对比，如图1-38所示。

图1-37 色调均匀的图像

图1-38 缺乏对比的图像

# 第2章 | 数码摄影后期的基础操作

使用Photoshop处理数码照片之前，必须先掌握一些基础操作。本章主要介绍Photoshop中常用的基础操作，使用户能够更好、更有效地处理数码照片。

## 2.1 图像文件的基础操作

要处理数码照片，首先要掌握Photoshop中图像文件的基础操作。图像文件的基础操作包括打开、新建、置入、复制和关闭等。通过使用快捷键，用户可以便利、高效地完成操作。

### 2.1.1 打开数码照片

若要处理一张数码照片，首先要做的就是在Photoshop中打开它。在Photoshop中，可以使用多种方法打开数码照片。

启动Photoshop后，在【开始】工作区中单击【打开】按钮（或选择菜单栏中的【文件】|【打开】命令、按Ctrl+O组合键）打开【打开】对话框。在对话框中，选择所需要打开的数码照片，然后单击【打开】按钮即可，如图2-1所示。

此外，还可以在启动Photoshop后，直接从计算机的资源管理器中将数码照片拖到Photoshop工作区的文档窗口中来打开。

图2-1　打开数码照片

 **提示**　　用户可以在【打开】对话框的文件列表框中按住Shift键选中连续排列的多张数码照片，或是按住Ctrl键选中不连续排列的多张数码照片，然后单击【打开】按钮在文档窗口中打开。

### 2.1.2 新建文档

新建文档之前，用户要考虑文档的尺寸、分辨率、颜色模式，然后在【新建文档】窗口中进行设置。

要新建文档，可以在【开始】工作区中单击【新建】按钮（或选择菜单栏中的【文件】|【新建】命令、按Ctrl+N组合键）打开【新建文档】对话框。

【练习2-1】根据设置新建文档。

（1）打开Photoshop，在【开始】工作区中单击【新建】按钮，打开【新建文档】对话框，如图2-2所示。

图2-2　打开【新建文档】对话框

（2）用户如果想要新建特殊尺寸的文档，就需要在对话框的右侧区域进行设置。在右侧顶部的文本框中，可以输入文档名称，默认文档名称为"未标题-1"，如图2-3所示。

（3）在【宽度】、【高度】数值框中设置文档的宽度和高度，其单位有【像素】、【英寸】、【厘米】、【毫米】、【点】、【派卡】6个选项，如图2-4所示。在【方向】选项区域中，单击【纵向】按钮或【横向】按钮可以设置文档方向。选中其右侧的【画板】复选框，可以在新建文档的同时创建画板。

图2-3　输入文档名称

图2-4　设置文档的宽度和高度

对于经常使用的特殊尺寸文档，用户可以在设置完成后，单击名称栏右侧的↓按钮，在显示【保存文档预设】对话框后，在文本框中输入预设名称，然后单击【保存预设】按钮，在【已保存】选项的下方可看到保存的文档预设，如图2-5所示。

图2-5　保存文档预设

（4）在【分辨率】选项区域中，设置文档的分辨率大小，其单位有【像素/英寸】和【像素/厘米】两种，如图2-6所示。一般情况下，文档的分辨率越高，图像质量越好。

（5）在【颜色模式】选项区域下拉列表中选择文档的颜色模式及相应的颜色位深度，如图2-7所示。

图2-6　设置分辨率　　　　　　　　　图2-7　设置颜色模式

（6）在【背景内容】下拉列表中选择文档的背景内容，有【白色】、【黑色】、【背景色】、【透明】、【自定义】5个选项。用户也可以单击右侧的色板图标，打开【拾色器（新建文档背景颜色）】对话框自定义背景颜色，如图2-8所示。

（7）单击【高级选项】左侧的 ▶ 按钮，展开隐藏的选项，其中包含【颜色配置文件】和【像素长宽比】选项。在【颜色配置文件】下拉列表中可以为文件选择一个颜色配置文件，在【像素长宽比】下拉列表中可以选择像素的长宽比。一般情况下，保持默认设置即可，如图2-9所示。设置完成后，单击【创建】按钮即可根据所有设置新建一个文档。

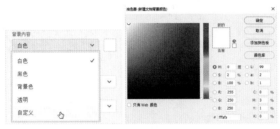

图2-8　设置背景内容

图2-9　高级选项

Photoshop根据行业将常用的设计尺寸进行了分类，包含【照片】、【打印】、【图稿和插图】、【Web】、【移动设备】、【胶片和视频】选项区域。用户可以根据需要在预设中找到相应的尺寸。例如，设计用于排版、印刷的作品，那么单击【新建文档】对话框顶部的【打印】选项，即可在下方看到常用的打印尺寸；如果设计App的UI，那么单击【移动设备】选项，在下方就可以看到时下流行的移动设备的尺寸，如图2-10所示。

图2-10　使用预设选项

## 2.1.3　置入素材图像

在Photoshop中处理数码照片时，用户可以通过置入功能在当前文档中嵌入或链接其他的素材图像来丰富画面效果。使用置入功能可以实现Photoshop与其他图像编辑软件之间的数据交互。

- 选择【文件】|【置入嵌入对象】命令，在打开的【置入嵌入的对象】对话框中选择需要置入的图像，单击【置入】按钮，可以将选择的图像作为智能对象置入当前文档中。置入嵌入的图像会增加文档的大小，当文档过大时会影响软件的运行速度。
- 使用【文件】|【置入链接的智能对象】命令可以将选择的图像作为智能对象链接到当前文档中。

　在Photoshop中，选择【文件】|【打开为智能对象】命令，可以将选择的图像作为智能对象打开。

【练习2-2】置入素材图像。

（1）在Photoshop中，选择【文件】|【打开】命令，打开一幅图像，如图2-11所示。

（2）选择【文件】|【置入链接的智能对象】命令，在【置入链接的对象】对话框中选择图像，然后单击【置入】按钮，如图2-12所示。

图2-11　打开图像

图 2-12　置入链接的图像

（3）将图像置入文档窗口后，可直接拖动图像来调整位置或拖动角落的控制点来调整大小，如图2-13所示。

（4）调整完后，按Enter键即可置入智能对象。选择【魔棒】工具，在选项栏中单击【添加到选区】按钮，设置【容差】数值为30，然后使用【魔棒】工具在图像的背景区域单击，创建选区，如图2-14所示。

图2-13　调整置入的图像

图2-14　创建选区

提示　　　在【图层】面板中选中一个或多个图层，再使用【图层】|【智能对象】|【转为智能对象】命令可将选中图层对象转换为智能对象。

（5）选择【多边形套索】工具，在选项栏中单击【从选区减去】按钮，调整选区，如图2-15所示。

（6）在【图层】面板中，在置入的智能对象图层上右击，从弹出的快捷菜单中选择【栅格化图层】命令，然后按Delete键删除选区内图像，如图2-16所示。

图2-15　调整选区

图2-16　删除选区内图像

（7）删除置入图像的背景后，按Ctrl+D组合键取消选区。

### 2.1.4 复制文档

在Photoshop中，选择【图像】|【复制】命令可以将当前文档复制一份，复制的文档将作为一个副本单独存在。

【练习2-3】复制文档。

（1）在Photoshop中，选择【文件】|【打开】命令，打开一幅图像，如图2-17所示。

微课视频

（2）选择【图像】|【复制】命令，打开【复制图像】对话框，在【为】文本框中可以输入复制的文档名称，然后单击【确定】按钮，如图2-18所示。

图2-17　打开图像　　　　　　　　　　　图2-18　复制图像

（3）选择【窗口】|【排列】|【双联垂直】命令，将原文档和复制的文档并排显示在文档窗口中，如图2-19所示。

（4）在【调整】面板中单击【创建新的照片滤镜调整图层】图标，在打开的【属性】面板中的【滤镜】下拉列表中选择【Deep Red】选项，设置【密度】数值为45%，如图2-20所示，所做修改只应用于复制的文档中。

图2-19　排列文档　　　　　　　　　　　图2-20　创建照片滤镜调整图层

提示　　　选择【文件】|【恢复】命令可以直接将文档恢复到最近一次存储时的状态，或者返回到刚打开时的状态。【恢复】命令不能用于新建的文档。

### 2.1.5 关闭文档

同时打开几个文档会占用一定的屏幕空间和系统资源。因此，在完成图像的处理后，用户可以使用【文件】菜单中的命令或单击文档窗口中的按钮关闭文档。Photoshop中提供了4种关闭文档的方法。

- 选择【文件】|【关闭】命令（或按Ctrl+W组合键、单击文档窗口中文档名旁的【关闭】按钮）可以关闭当前处于激活状态的文档。使用这种方法关闭文档时，其他文档不受任何影响。
- 选择【文件】|【关闭全部】命令（或按Ctrl+Alt+W组合键）可以关闭当前文档窗口中打开的所有文档。
- 选择【文件】|【关闭并转到Bridge】命令可以关闭当前处于激活状态的文档，然后打开Bridge操作界面。
- 选择【文件】|【退出】命令（或单击Photoshop工作区右上角的【关闭】按钮）可以关闭所有文档并退出Photoshop。

## 2.2 数码照片的输出

在Photoshop中对数码照片进行处理后，用户可通过存储和存储为等操作保存数码照片。用户可以根据需要选择不同的输出格式和方法，并对最终的数码照片进行优化设置，以保证输出最佳的效果。

### 2.2.1 添加水印和版权信息

为自己的数码照片添加水印和版权信息可以避免他人任意使用自己的数码照片、合理保护个人权益。

【练习2-4】为数码照片添加水印和版权信息。

（1）在Photoshop中，选择【文件】|【打开】命令，打开一幅图像，如图2-21所示。

微课视频

（2）选择【横排文字蒙版】工具，在画面中单击，然后在选项栏中设置字体为Arial Rounded MT Bold、字体大小为30点，单击【居中对齐文本】按钮，然后输入水印内容，如图2-22所示。

图2-21 打开图像

图2-22 输入水印内容

（3）按Ctrl+Enter组合键结束文字输入，创建文字选区，并按Ctrl+J组合键复制选区内的图像，生成【图层1】图层，如图2-23所示。

（4）在【图层】面板中，双击【图层1】图层打开【图层样式】对话框，在对话框中选中【斜面和浮雕】选项，然后单击【确定】按钮，如图2-24所示。

（5）选择【文件】|【文件简介】命令，打开【文件简介】对话框，在对话框左侧的列表框中选中【基本】选项，然后在右侧【作者】文本框中输入作者的信息，在【版权状态】下拉列表中选择【受版权保护】，并输入版权公告内容，单击【确定】按钮关闭对话框，如图2-25所示。此时，在文档名称左侧会出现"（C）"字样，表示此文档受版权保护。

图2-23　创建文字选区并复制选区内图像

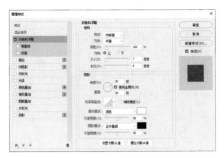

图2-24　添加图层样式

图2-25　设置版权保护

## 2.2.2　存储为专业用途的格式

当完成一幅图像的处理后，用户需要将它保存起来以便以后使用。选择【文件】|【存储】命令，在打开的【存储为】对话框中进行设置，就可以存储图像。在操作过程中，用户也可以随时按Ctrl+S组合键进行保存。如果要将图像另取名保存，可以选择菜单中的【文件】|【存储为】命令或按Ctrl+Shift+S组合键，在打开的【存储为】对话框中更改图像的存储路径或图像的名称进行保存。

Photoshop可以将图像存储为多种专业用途的图像格式，常用的格式包括PSD、GIF、JPEG和TIFF等，通常在最终输出时都会将图像存储为便于印刷的格式。

【练习2-5】将图像存储为TIFF格式。

（1）在Photoshop中，选择【文件】|【打开】命令，打开一幅图像，如图2-26所示。

（2）选择【文件】|【存储为】命令，打开【存储为】对话框，在对话框中的【保存类型】下拉列表中选择TIFF格式，选择要存储的位置并指定文件名，设置完成后单击【保存】按钮，如图2-27所示。

微课视频

图2-26　打开图像

图2-27　【存储为】对话框

（3）在打开的【TIFF选项】对话框中查看存储选项后，单击【确定】按钮。在打开的提示对话框中，单击【确定】按钮即可存储图像，如图2-28所示。

 提示　对图像进行简单处理后存储，在没有对【背景】图层进行解锁或没有新建图层的情况下，选择【文件】|【存储】命令将直接存储该图像并覆盖原始图像。

图2-28　存储图像

## 2.2.3　存储为Web网页格式

用户可以将在Photoshop中处理的图像上传至网页中浏览，在Photoshop中选择【存储为Web和设备所用格式】命令可以导出和优化Web图像，并通过预览区域中显示图像的画质、大小等来调整压缩率和颜色数。

【练习2-6】将图像存储为Web网页格式。

（1）在Photoshop中，选择【文件】|【打开】命令，打开一幅图像，如图2-29所示。

（2）选择【文件】|【导出】|【存储为Web和设备所用格式（旧版）】命令。打开【存储为Web所用格式】对话框，单击【双联】选项卡，如图2-30所示。

微课视频

图2-29　打开图像

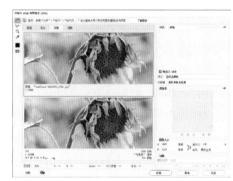

图2-30　单击【双联】选项卡

（3）在对话框右侧的【预设】下拉列表中选择【JPEG 中】选项。选择存储格式后，在右侧的【图像大小】选项区中设置【W】数值为500像素，如图2-31所示。

（4）在【存储为Web所用格式】对话框中设置完成后，单击【存储】按钮。在打开的【将优化结果存储为】对话框中设置存储的路径和名称，单击【保存】按钮即可存储图像，如图2-32所示。

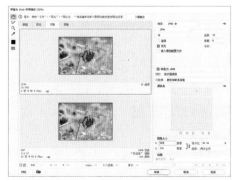

图2-31　设置存储选项

图2-32　存储图像

## 2.2.4 输出PDF文档

用户在Photoshop中可以用PDF格式存储RGB模式、索引模式、CMYK模式、灰度模式、位图模式、Lab模式和双色调模式的图像。PDF格式可以保留Photoshop数据，如图层、Alpha通道、注释及专色等，方便对图像进行更有效的编辑。

【练习2-7】将图像存储为PDF格式。

（1）在Photoshop中，选择【文件】|【打开】命令，打开一幅图像，如图2-33所示。

微课视频

（2）选择【文件】|【存储为】命令，打开【存储为】对话框，在对话框中的【保存类型】下拉列表中选择Photoshop PDF文件格式。指定存储位置后，在【文件名】文本框中输入新的文件名，然后单击【保存】按钮，如图2-34所示。

图2-33 打开图像

图2-34 设置存储

（3）在图2-35所示的提示对话框中，单击【确定】按钮，打开【存储Adobe PDF】对话框。

提示

将自定义的Adobe PDF预设文件保存在Documents and Settings\All Users\共享文档\Adobe PDF\Setting文件夹内，该文件便可以在其他Adobe Creative Suite应用程序中共享。

（4）在【存储Adobe PDF】对话框的【Adobe PDF预设】下拉列表中选中【[最小文件大小]】选项，然后单击【存储PDF】按钮即可，如图2-36所示。

图2-36 存储PDF

图2-35 提示对话框

## 2.3 在Photoshop中查看数码照片

用户处理图像时，需要经常放大和缩小窗口的显示比例，调整画面的显示区域，以便更好地观察和处理图像。Photoshop提供了用于缩放窗口的工具和命令，如【缩放】工具、【抓手】工具、【导航器】面板等。

## 2.3.1 切换屏幕模式

Photoshop提供了【标准屏幕模式】、【带有菜单栏的全屏模式】、【全屏模式】3种屏幕模式。选择【视图】|【屏幕模式】命令或单击工具面板底部的【更改屏幕模式】图标，从弹出的菜单中选择所需要的模式，或者直接按F键切换屏幕模式即可。

- 【标准屏幕模式】：Photoshop默认的屏幕模式，这种模式会显示全部工作界面的组件，如图2-37所示。
- 【带有菜单栏的全屏模式】：显示带有菜单栏和50%灰色背景、隐藏标题栏和状态栏的全屏窗口，如图2-38所示。

图2-37 标准屏幕模式

图2-38 带有菜单栏的全屏模式

- 【全屏模式】：显示只有黑色背景的全屏窗口，隐藏标题栏、菜单栏、状态栏等，如图2-39所示。在选择全屏模式时，打开图2-40所示的【信息】对话框，选中【不再显示】复选框，再次选择【全屏模式】时，将不再显示该对话框。

图2-39 全屏模式

图2-40 【信息】对话框

在全屏模式下，两侧的面板是隐藏的，用户可以将鼠标指针放置在屏幕的两侧以访问面板，如图2-41所示。另外，在全屏模式下，按F键或Esc键可以返回标准屏幕模式。

提示

在任意屏幕模式下，按Tab键都可以隐藏、显示工具面板或选项栏，按Shift+Tab组合键可以隐藏、显示面板。

图2-41 访问面板

### 2.3.2 排列文档窗口

在Photoshop中打开多个文档时，只有当前处理的文档显示在工作区中。选择【窗口】|【排列】命令下的子命令可以根据需要排列打开的多个文档，包括【全部垂直拼贴】、【全部水平拼贴】、【双联水平】、【双联垂直】、【三联水平】、【三联垂直】、【双联堆积】、【四联】、【六联】、【将所有内容合并到选项卡】等选项。

> **提示**　【排列】下的【匹配缩放】命令可将所有文档窗口都匹配到与当前文档窗口相同的显示比例，【匹配位置】命令可将所有文档窗口中的图像的显示位置都匹配到与当前文档窗口相同，【匹配旋转】命令可将所有文档窗口中画布的旋转角度都匹配到与当前文档窗口相同，【全部匹配】命令可将所有文档窗口的显示比例、图像显示位置、画布旋转角度都匹配到与当前文档窗口相同。

【练习2-8】更改文档的排列方式。

（1）选择【文件】|【打开】命令，在【打开】对话框中，按Shift键选中4幅图像，然后单击【打开】按钮打开，如图2-42所示。

微课视频

（2）选择【窗口】|【排列】|【使所有内容在窗口中浮动】命令，将文档的停放状态改为浮动，如图2-43所示。

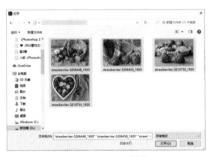

图2-42　打开图像

图2-43　使所有内容在窗口中浮动

（3）选择【窗口】|【排列】|【四联】命令，使4个文档四联排列，如图2-44所示。

（4）选择【抓手】工具，在选项栏中选中【滚动所有窗口】复选框，然后使用【抓手】工具在任意一个文档中单击并拖动，即可同时改变所有打开文档的显示区域，如图2-45所示。

图2-44　四联排列

图2-45　改变所有文档的显示区域

### 2.3.3 使用【缩放】工具

在图像处理的过程中，用户经常需要对图像进行放大或缩小，以便于操作。在Photoshop中调整图像的显示比例可以使用【缩放】工具、【视图】菜单中的相关命令。

使用【缩放】工具时，每单击一次都会将图像放大或缩小到下一个预设百分比，并以单击的点为中心将显示区域居中。选择【缩放】工具后，可以在图2-46所示的选项栏中通过相应的选项设置放大或缩小图像的效果。

图2-46 【缩放】工具选项栏

- **【放大】按钮/【缩小】按钮**：单击【放大】按钮切换到放大模式，在图像上单击可以放大图像；单击【缩小】按钮切换到缩小模式，在图像上单击可以缩小图像。
- **【调整窗口大小以满屏显示】复选框**：选中该复选框，缩放图像的同时将自动调整文档窗口的大小。
- **【缩放所有窗口】复选框**：选中该复选框，可以同时缩放所有打开的文档窗口中的图像。
- **【细微缩放】复选框**：选中该复选框，在图像上单击并向左侧或右侧拖动能够以平滑的方式快速缩小或放大图像。
- **100% 按钮**：单击该按钮，图像以实际像素即100%的比例显示。双击【缩放】工具的图标也可以实现同样的效果。
- **【适合屏幕】按钮**：单击该按钮，可以在文档窗口中最大化显示完整的图像。
- **【填充屏幕】按钮**：单击该按钮，可以使图像充满文档窗口。

使用【缩放】工具缩放图像时，通过选项栏切换放大、缩小模式并不方便，因此用户可以使用Alt键来切换。在【缩放】工具的放大模式下，按住Alt键就会切换成缩小模式，释放Alt键又恢复为放大模式。

> **提示** 在【视图】菜单中，选择【放大】、【缩小】、【按屏幕大小缩放】、【实际像素】、【打印尺寸】命令，同样可以调整图像的显示比例。

## 2.3.4 使用【抓手】工具

当图像放大到在文档窗口中只能够显示局部时，用户可以选择【抓手】工具，在图像上按住鼠标左键并拖动来移动画面进行查看，如图2-47所示。

图2-47 使用【抓手】工具

> **提示** 在使用其他工具时，按Space键（空格键）即可快速切换到【抓手】工具。此时，在图像上按住鼠标左键并拖动即可移动画面，释放Space键会自动切换回之前使用的工具。

## 2.3.5 使用【导航器】面板

【导航器】面板不仅可以方便地对图像在文档窗口中的显示比例进行调整，还可以对图像的显示区域进行选择。选择【窗口】|【导航器】命令可以在工作区中显示【导航器】面板。

【练习2-9】使用【导航器】面板查看图像。

（1）选择【文件】|【打开】命令，选择并打开一幅图像。选择【窗口】|【导航器】命令，打开【导航器】面板，如图2-48所示。

微课视频

（2）【导航器】面板的数值框中显示了图像的显示比例，在数值框中输入数值可以改变显示比例，如图2-49所示。

图2-48　打开【导航器】面板

图2-49　改变显示比例

> **提示**
> 在【导航器】面板中单击 ▲ 按钮可加大图像在文档窗口中的显示比例，单击 ▼ 按钮则反之。用户也可以使用显示比例滑块调整图像在文档窗口中的显示比例。向左移动显示比例滑块，可以减小图像的显示比例；向右移动显示比例滑块，可以加大图像的显示比例。在调整图像显示比例的同时，面板中的红色矩形框也会相应地缩放。

（3）当文档窗口中不能显示完整的图像时，将鼠标指针移至【导航器】面板的预览区域，鼠标指针会变为🖐形状。单击并拖动可以移动画面，预览区域内的图像会显示在文档窗口的中心，如图2-50所示。

图2-50　调整显示区域

第 **3** 章 二次构图

在Photoshop中，用户可以根据是在线浏览还是打印输出来自定义数码照片的尺寸，并改变数码照片的分辨率。用户还可以通过裁剪数码照片进行二次构图，以满足自身的需要。

## 3.1 修改数码照片的大小和比例——【图像大小】命令

在处理从不同途径获得的图像时，用户经常会遇到图像的尺寸和分辨率并不符合要求的问题，这时就需要对图像的尺寸和分辨率进行适当的调整。

使用【图像大小】命令可以调整图像的像素大小、打印尺寸和分辨率。修改图像的像素大小不仅会影响图像在屏幕上的大小，还会影响图像的质量及其打印效果，同时也会影响图像所占用的存储空间。

在Photoshop中，通过选择【图像】|【图像大小】命令可以打开图3-1所示的【图像大小】对话框。在原有图像不被裁剪的情况下，在其中改变图像的比例可以实现图像大小的调整。

如果要修改图像的像素大小，用户可以在【调整为】下拉列表中选择预设的图像大小，也可以在下拉列表中选择【自定】选项，然后在【宽度】、【高度】、【分辨率】数值框中输入数值。如果要保持宽度和高度的比例，用户可选中⑧选项。修改像素大小后，新图像的大小会显示在【图像大小】对话框的右上方，原图像大小显示在括号内，如图3-2所示。

图3-1 【图像大小】对话框

图3-2 修改像素大小

 修改图像的像素大小在Photoshop中称为【重新采样】。当减少像素的数量时，将从图像中删除一些信息；当增加像素的数量或增加像素取样时，将添加新像素。在【图像大小】对话框右下方的【重新采样】列表中可以选择一种插值方法来确定添加或删除像素的方式。

【练习3-1】更改图像的大小。

（1）选择【文件】|【打开】命令，在【打开】对话框中选中一幅图像，然后单击【打开】按钮，如图3-3所示。

（2）选择【图像】|【图像大小】命令，打开【图像大小】对话框，在对话框的【调整为】下拉列表中选择【960×640像素144ppi】选项，然后单击【图像大小】对话框中的【确定】按钮应用调整，如图3-4所示。

微课视频

图3-3　打开图像

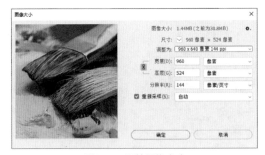

图3-4　调整图像大小

**提示**　如果只修改打印尺寸或分辨率并按比例调整图像中的像素总数，应选中【重新采样】复选框；如果要修改打印尺寸和分辨率但不更改图像中的像素总数，应取消【重新采样】复选框。

# 3.2 修改画布大小——【画布大小】命令

画布大小是指图像可以编辑的区域。用户使用【画布大小】命令可以改变图像的大小。增加画布的大小会在当前图像的周围添加新的可编辑区域，减小画布大小则会裁剪图像。

【练习3-2】更改图像的画布大小。

（1）选择菜单栏中的【文件】|【打开】命令，打开一幅图像，如图3-5所示。

（2）选择菜单栏中的【图像】|【画布大小】命令，打开【画布大小】对话框，如图3-6所示。

微课视频

图3-5　打开图像

图3-6　打开【画布大小】对话框

**提示**　在打开的【画布大小】对话框中，上部显示了图像当前的宽度和高度，在【新建大小】选项区域中重新设置，可以改变图像的宽度、高度和度量单位。在【定位】区域中，单击要减少或增加画面的方向按钮，可以使图像按设置的方向进行删减或增加。

（3）选中【相对】复选框，将【宽度】和【高度】分别设置为50毫米。在【画布扩展颜色】下拉列表中选择【其他】选项，打开【拾色器（画布扩展颜色）】对话框，在对话框中设置颜色为R:215、G:242、B:255，然后单击【确定】按钮关闭【拾色器（画布扩展颜色）】对话框，如图3-7所示。

**提示**　如果减小画布，会打开图3-7所示的询问对话框，提示用户若要减小画布必须对原图像进行剪切，单击【继续】按钮将改变画布大小，同时将剪切掉部分图像。

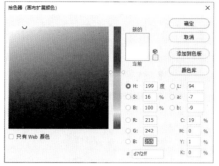

图3-7　设置画布大小及画布扩展颜色

（4）设置完成后，单击【画布大小】对话框中的【确定】按钮即可应用设置，完成对图像画布大小的调整，如图3-8所示。

图3-8　应用设置

## 3.3　裁剪数码照片——【裁剪】工具

裁剪图像是一种纠正构图的方法，此方法也可统一多幅图像的尺寸。用户可以直接利用【裁剪】工具裁剪图像，也可以利用选区选择部分图像，然后选择【图像】|【裁剪】命令进行裁剪。

### 3.3.1　【裁剪】工具

【裁剪】工具用于裁剪图像区域，也可以对画布进行拓展。对图像进行裁剪可纠正其构图，使画面更加美观或具有更好的视觉效果。

选择【裁剪】工具后，在画面中调整裁剪框，以确定需要保留的部分，或者拖出一个新的裁剪区域，然后按Enter键或双击完成裁剪。选择【裁剪】工具后，可以在图3-9所示的选项栏中设置裁剪方式。

图3-9　【裁剪】工具选项栏

- **【选择预设长宽比或裁剪比例】下拉列表**：在该下拉列表中，可以选择多种预设的裁剪比例，如图3-10所示。
- **【清除】按钮**：单击该按钮，可以清除设置的长宽比值。
- **【拉直】按钮**：通过在图像上画一条线来拉直图像。
- **【叠加选项】选项**：在该下拉列表中可以选择裁剪的参考线的样式，包括三等分、网格、对角、三角形、黄金比例、金色螺线等，也可以设置参考线的叠加显示方式。

- **【设置其他裁切选项】下拉列表**：在该下拉列表中可以对裁切的其他参数进行设置，如可以使用经典模式或设置裁剪屏蔽的颜色、不透明度等参数，如图3-11所示。

图3-10 选择预设裁剪比例　　　　　图3-11 【设置其他裁切选项】下拉列表

- **【删除裁剪的像素】复选框**：用于确定是否删除裁剪框外部的像素数据。如果取消该复选框，裁剪框外的区域将处于隐藏状态。
- **【内容识别】复选框**：选中该复选框，当裁剪区域大于原图像时，可以使用图像边缘像素智能填充扩展区域。

**【练习3-3】**使用【裁剪】工具裁剪图像。

（1）选择【文件】|【打开】命令，打开一幅图像，如图3-12所示。

（2）选择【裁剪】工具，在选项栏中选择【选择预设长宽比或裁剪尺寸】下拉列表中的【1:1（方形）】选项，如图3-13所示。

图3-12 打开图像　　　　　图3-13 选择预设裁剪比例为【1:1（方形）】

（3）将鼠标指针移动至裁剪框内，单击并按住鼠标左键拖动调整裁剪框内的图像，如图3-14所示。

（4）调整完成后，单击选项栏中的✓按钮或按Enter键即可裁剪图像，如图3-15所示。

图3-14 调整裁剪框　　　　　图3-15 应用裁剪

## 3.3.2 【裁剪】命令与【裁切】命令

使用【裁剪】命令裁剪图像时，需要先在图像中创建选区，即通过选择图像中需要保留的部分，然后执行【裁剪】命令，如图3-16所示。裁剪的结果只能是矩形，如果选区是圆形或其他形状，选择【裁剪】命令后会根据圆形或其他形状的大小自动创建矩形。【裁切】命令可以基于像素的颜色来裁剪图像。选择【图像】|【裁切】命令可以打开图3-17所示的【裁切】对话框。

图3-16　使用【裁剪】命令　　　　　　　　　　　　图3-17　【裁切】对话框

- **【透明像素】单选按钮**：选中后可以裁切掉图像边缘的透明区域，只将非透明像素区域的最小图像保留下来，只有图像中存在透明区域时才可用。
- **【左上角像素颜色】单选按钮**：选中后从图像中删除左上角像素颜色的区域。
- **【右下角像素颜色】单选按钮**：选中后从图像中删除右下角像素颜色的区域。
- **【顶】/【底】/【左】/【右】复选框**：设置裁切图像区域的方式。

【练习3-4】使用【裁剪】命令裁剪图像。

（1）在Photoshop中，选择【文件】|【打开】命令打开一幅图像。选择【矩形选框】工具，在图像中创建选区，如图3-18所示。

（2）选择【图像】|【裁剪】命令，裁剪图像，并按Ctrl+D组合键取消选区，如图3-19所示。

微课视频

图3-18　创建选区　　　　　　　　　　图3-19　裁剪图像

提示　　　在图像中创建选区后，选择【编辑】|【清除】命令（或按Delete键）可以清除选区内的图像。如果清除的是【背景】图层上的图像，被清除的区域将填充背景色。

## 3.3.3 【透视裁剪】工具

【透视裁剪】工具可以在需要裁剪的图像上创建带有透视感的裁剪框，在应用裁剪后可以使图像根据裁剪框调整透视效果。

微课视频

【练习3-5】使用【透视裁剪】工具调整图像。

（1）选择【文件】|【打开】命令，打开一幅图像，如图3-20所示。

（2）选择【透视裁剪】工具，在图像上拖动创建裁剪框，如图3-21所示。

图3-20　打开图像

图3-21　创建裁剪框

（3）将鼠标指针移动到裁剪框的一个控制点上，并调整其位置。使用相同的方法调整其他控制点，如图3-22所示。

（4）调整完成后，单击选项栏中的 ✓ 按钮或按Enter键，即可得到带有透视感的画面效果，如图3-23所示。

图3-22　调整裁剪框

图3-23　应用裁剪

# 3.4 旋转或翻转数码照片——【图像旋转】命令

用户使用相机拍摄数码照片时，有时会由于持握角度使拍摄的数码照片为横向或竖向的效果，用户可以通过【图像旋转】命令调整数码照片的显示。选择【图像】|【图像旋转】|【任意角度】命令，打开【旋转画布】对话框，在其中输入特定的旋转角度，并设置旋转方向为【度顺时针】或【度逆时针】。旋转后，图像中多余的部分会被填充为当前的背景色，如图3-24所示。

图3-24　旋转画布（图像）

# 3.5 校正图像水平线——【标尺】工具

图像校正是一种优化图像构图、改善图像主体视觉效果的有效方法，用户可通过自动或手动方式对图像进行调整，使图像的内容得到更好的表现。

Photoshop中的【标尺】工具可以准确定位图像或图像元素，可计算画面内任意两点之间的距离、倾斜角度。当用户用该工具测量两点间的距离时，将绘制一条不会打印出来的直线。

【练习3-6】使用【标尺】工具校正图像水平线。

（1）选择【文件】|【打开】命令，打开一幅图像。选择【标尺】工具，在图像的左侧位置单击，根据地平线向右侧拖动，绘制出一条具有一定倾斜角度的线段，如图3-25所示。

微课视频

（2）选择【图像】|【图像旋转】|【任意角度】命令，打开【旋转画布】对话框，保持默认设置，单击【确定】按钮，即可按刚才【标尺】工具绘制出线段的角度来旋转图像，如图3-26所示。

图3-25 依据地平线绘制标尺线段

图3-26 通过【标尺】工具旋转画布

（3）选择【裁剪】工具，将图像中间部分选中，然后按Enter键，即可裁剪掉图像多余的部分，如图3-27所示。

图3-27 裁剪图像

# 3.6 修复图像缺陷——【镜头校正】命令

【镜头校正】命令用于修复常见的镜头缺陷，如桶形失真、枕形失真、色差及晕影等，也可以用来旋转图像或修复由于相机垂直、水平倾斜而产生的图像透视问题。在进行变换和变形操作时，该命令比【变换】命令更有用。同时，该命令提供的网格可以使调整更为轻松、精确。

选择【滤镜】|【镜头校正】命令或按Ctrl+Shift+R组合键，即可打开图3-28所示的【镜头校正】对话框。对话框左侧是镜头校正的工具，中间是预览和操作区域，右侧是参数设置区。其工具的具体作用如下。

图3-28 【镜头校正】对话框

- **【移去扭曲】工具**：可以校正桶形失真或枕形失真。选择该工具后，将鼠标指针放在画面中，单击并向画面边缘拖动可以校正桶形失真，向画面中心拖动可以校正枕形失真。
- **【拉直】工具**：可以校正倾斜的图像，或者对图像的角度进行调整。选择该工具后，在画面中单击并拖动出一条直线，图像会以该直线为基准进行角度的校正。
- **【移动网格】工具**：用来移动网格，以便使网络与图像对齐。
- **【抓手】工具/【缩放】工具**：用于移动画面和调整图像的显示比例。
- **【显示网格】复选框**：选中该复选框后，在画面中会显示网格，用户通过网格线可以更好地判断所需的校正参数。用户在【大小】数值框中可以调整网格间距；单击【颜色】选项右侧的色板，打开【拾色器】对话框可修改网格颜色。

在【自动校正】选项卡中，用户可以解决拍摄数码照片时，由于拍摄设备原因产生的问题。在【搜索条件】选项区域中可手动设置相机制造商、相机型号和镜头型号等，如图3-29所示。设置后，Photoshop会给出与之匹配的镜头配置文件。在【镜头配置文件】列表中选择与相机和镜头匹配的配置文件，然后在【校正】选项区域中选择要修复的缺陷，包括几何扭曲、色差和晕影。如果校正后图像超出了原始尺寸，用户可选中【自动缩放图像】复选框或在【边缘】下拉列表中指定如何处理出现的空白区域，如选择【边缘扩展】选项可以扩展图像的边缘像素来填充空白区域，选择【透明度】选项可以使空白区域保持透明，选择【黑色】和【白色】选项则可以使用黑色或白色填充空白区域。

图3-29 【自动校正】选项卡

在【自定】选项卡中，用户可以手动修复镜头造成的扭曲、色差、晕影、透视问题等缺陷，如图3-30所示。

图3-30 【自定】选项卡

- 【几何扭曲】选项区域中的【移去扭曲】滑块主要用来校正桶形失真或枕形失真，如图3-31所示。数值为正时，图像将向边缘扭曲；数值为负时，图像将向中心扭曲。
- 【色差】选项区域用于校正色差，如图3-32所示。

图3-31 【几何扭曲】选项区域

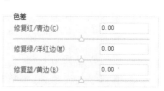

图3-32 【色差】选项区域

- 【晕影】选项区域用来校正镜头缺陷或镜头遮光处理不正确而导致的图像边缘较暗或较亮的情况，如图3-33所示。在【数量】滑块中可以设置沿图像边缘变亮或变暗的程度。在【中点】滑块中可以指定受【数量】滑块影响的区域宽度。如果指定较小的值，会影响较多的图像区域；如果指定较大的值，则只会影响图像的边缘。
- 【变换】选项区域中提供了用于校正透视和旋转角度问题的控制选项，如图3-34所示。【垂直透视】滑块用来校正由于相机向上或向下倾斜而产生的透视问题，使图像中的垂直线平行。【水平透视】滑块也用来校正由于相机原因产生的透视问题，与【垂直透视】滑块不同的是，它可以使水平线平行。【角度】转盘可以用来旋转图像，以针对图像的歪斜加以校正，或者在校正透视后进行调整。它与【拉直】工具的作用相同。

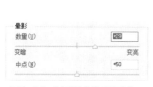

图3-33 【晕影】选项区域

图3-34 【变换】选项区域

【练习3-7】使用【镜头校正】命令调整图像。

（1）选择【文件】|【打开】命令，打开一幅图像。选择【滤镜】|【镜头校正】命令，打开【镜头校正】对话框，单击【自定】选项卡，如图3-35所示。

（2）选中【显示网格】复选框，在【变换】选项区域中设置【垂直透视】的数值为-77，如图3-36所示。设置完成后，单击【确定】按钮应用。

微课视频

图3-35　打开【镜头校正】对话框

图3-36　设置选项

## 3.7　校正镜头扭曲——【自适应广角】命令

　　【自适应广角】命令可以轻松拉直全景照片或使用鱼眼、广角镜头拍摄的数码照片中的弯曲对象。该命令可以检测相机和镜头型号，并根据镜头特性拉直图像。选择【滤镜】|【自适应广角】命令（或按Ctrl+Shift+Alt+A组合键），即可打开图3-37所示的【自适应广角】对话框。

图3-37　【自适应广角】对话框

- **工具组**：主要包含对图像进行拉伸、移动及放大处理的工具。
- **【校正】选项区域**：在该下拉列表中可以选择【鱼眼】、【透视】、【自动】、【完整球面】

选项。【鱼眼】选项用于校正鱼眼镜头导致的极度弯曲;【透视】选项用于校正由于视角和相机倾斜而产生的汇聚线;【自动】选项能自动根据图像效果进行校正;【完整球面】选项用于校正360°全景照片,全景照片的长宽比必须为2:1。

- 【缩放】滑块:用于设置图像显示比例。
- 【焦距】滑块:用于设置镜头的焦距。如果Photoshop在照片中检测到镜头信息,则会自动填写此值。
- 【裁剪因子】滑块:用于确定如何裁剪图像,将此滑块与【缩放】滑块配合使用,以填充应用该命令时产生的空白区域。
- 【原照设置】复选框:选中该复选框可以使用镜头配置文件中定义的值。如果没有找到镜头信息,则此复选框会被禁用。
- 【细节】:该部分会实时显示鼠标指针处图像的细节(显示比例为100%)。使用【约束】工具和【多边形约束】工具时,用户可通过观察该部分来准确定位约束点。

【练习3-8】使用【自适应广角】命令调整图像。

（1）选择【文件】|【打开】命令,打开一幅图像。选择【滤镜】|【自适应广角】命令,打开【自适应广角】对话框,如图3-38所示。

图3-38　打开【自适应广角】对话框

（2）选择【约束】工具,将鼠标指针放置在出现弯曲的地平线左侧,单击并向右拖动,拖出一条绿色的约束线,如图3-39所示。

图3-39　使用【约束】工具

（3）将鼠标指针放置在根据地平线创建的约束线上,调整其角度,然后单击【确定】按钮,如图3-40所示。

（4）选择【裁剪】工具,在图像中拖动创建裁剪框,然后按Enter键应用,如图3-41所示。

图3-40 调整约束线　　　　　　　　　　图3-41 裁剪图像

## 3.8 调整图像大小并保护内容——【内容识别缩放】命令

【内容识别缩放】命令可在不更改重要可视内容（如人物、建筑、动物等）的情况下调整图像大小。常规缩放在调整图像大小时会统一影响所有像素，而内容识别缩放主要影响没有重要可视内容区域中的像素。内容识别缩放可以放大或缩小图像以改善合成效果、匹配版面或更改方向。如果要在调整图像大小时进行常规缩放，则可以指定内容识别缩放与常规缩放的比例。

【练习3-9】使用【内容识别缩放】命令调整图像。

（1）选择【文件】|【打开】命令，打开一幅图像。选择【编辑】|【内容识别缩放】命令，显示定界框，如图3-42所示。

（2）在选项栏中取消【保持长宽比】复选框，然后拖动控制点可以进行不保持比例的缩放。随着画面的缩小可以看到主体未发生变形，而背景部分进行了压缩，如图3-43所示。缩放时，如果要最大限度地保持人物比例，用户可以单击选项栏中的【保护肤色】按钮。

图3-42 显示定界框　　　　　　　　　　图3-43 缩放图像

提示　　【内容识别缩放】命令适用于处理普通图层及选区内的部分，图像可以是RGB模式、CMYK模式、Lab模式和灰度模式，以及所有位深度，不适用于处理调整图层、图层蒙版、通道、智能对象、3D图层、视频图层、图层组，或者同时处理多个图层。

# 第 **4** 章 瑕疵修复

修复瑕疵是数码照片后期处理的基础。Photoshop提供了多种修复工具和命令，用户使用这些工具和命令处理数码照片后可以使其画面更加完美，便于进一步进行画面的修饰。

## 4.1 数码照片的修复工具

Photoshop提供了很多修复数码照片的工具，掌握每个工具的相关用途和使用方法可以改善数码照片的品质，为后期进一步处理打下坚实的基础。

### 4.1.1 【仿制图章】工具

在Photoshop中，图章工具组中的工具可以通过提取图像中的样本像素来修复图像。【仿制图章】工具可以将样本像素应用到其他图像或同一图像的其他位置，常用于复制对象或去除图像中的缺陷，如去除水印、消除人物脸部的斑点和皱纹、去除背景部分不相干的杂物、填补图像等。

选择【仿制图章】工具后，在选项栏中进行设置，按住Alt键在图像中单击创建参考点，然后释放Alt键，按住鼠标左键在图像中拖动即可仿制图像。【仿制图章】工具可以使用任意的画笔样式，以更加准确地控制仿制区域的大小；用户还可以通过设置不透明度和流量来控制绘制仿制区域的方式，如图4-1所示。在处理过程中，用户需要不断进行重新取样，还需要根据画面内容设置新的画笔样式，才能更好地保证画面效果。

![图4-1 工具选项栏]
图4-1 【仿制图章】工具选项栏

【练习4-1】使用【仿制图章】工具修复图像。

（1）选择【文件】|【打开】命令，打开一幅图像，单击【图层】面板中的【创建新图层】按钮，创建新图层，如图4-2所示。

图4-2 打开图像并新建图层

提示 在选项栏中选中【对齐】复选框可以对画面连续取样，而不会丢失当前设置的参考点位置，即使释放鼠标左键后也是如此；未选中时，则会在每次停止并重新开始仿制时，使用最初设置的参考点位置。默认情况下，【对齐】复选框为选中状态。

（2）选择【仿制图章】工具，在选项栏中选择一种画笔样式，在【样本】下拉列表中选择【所有图层】选项，如图4-3所示。

图4-3　设置【仿制图章】工具

（3）按住Alt键，在要修复部位附近单击设置取样点，然后在要修复部位按住鼠标左键涂抹，效果对比如图4-4所示。

图4-4　图像修复前后的效果对比

【仿制图章】工具并不限定在同一幅图像中进行，也可以把某幅图像的局部内容复制到另一幅图像之中。在进行不同图像之间的复制时，用户可以将两幅图像并排排放，以便对照源图像的复制位置及目标图像的复制结果，如图4-5所示。

提示

图4-5　不同图像之间的复制

## 4.1.2 【污点修复画笔】工具

【污点修复画笔】工具可以快速去除画面中的污点、划痕等不理想的部分。【污点修复画笔】工具的工作原理是从图像或图案中提取样本像素来涂改需要修复的地方，使需要修复的地方与样本像素在纹理、亮度和透明度上保持一致，从而达到使用样本像素遮盖需要修复的地方的目的。

使用【污点修复画笔】工具不需要提取定义样本，只要确定需要修复的位置，然后在需要修复的位置上单击并拖动，释放鼠标左键即可。

【练习4-2】使用【污点修复画笔】工具修复图像。

（1）选择【文件】|【打开】命令，打开一幅图像，并在【图层】面板中单击【创建新图层】按钮，新建【图层1】，如图4-6所示。

图4-6　打开图像并新建图层

（2）选择【污点修复画笔】工具，在选项栏中设置画笔【大小】为200像素、【硬度】为0%、【间距】为1%，单击【类型】选项区域中的【内容识别】按钮，并选中【对所有图层取样】复选框，如图4-7所示。

图4-7　设置【污点修复画笔】工具

在选项栏的【类型】选项区域中，单击【内容识别】按钮，会自动使用相似部分的像素对图像进行修复，同时进行完整匹配；单击【创建纹理】按钮，将使用选区中的所有像素创建一个用于修复该区域的纹理；单击【近似匹配】按钮，将使用选区的图像作为选定区域修复的图像。

（3）使用【污点修复画笔】工具直接在图像中需要修复的地方涂抹，就能立即修复图像；若修复范围较大，此时可在选项栏中调整画笔大小再涂抹，如图4-8所示。

图4-8　使用【污点修复画笔】工具

## 4.1.3 【修复画笔】工具

【修复画笔】工具与【仿制图章】工具的使用方法基本相同，其也可以利用从图像或图案中提取的样本像素来修复图像。但该工具可以从被修饰区域的周围取样，并将样本像素的纹理、光照、透明度和阴影等与所修复的像素匹配，从而去除图像中的污点和划痕。

选择【修复画笔】工具后，在选项栏中进行设置，然后按住Alt键在图像中单击设置取样点，释放Alt键，按住鼠标左键在图像中拖动即可修复图像。

【练习4-3】使用【修复画笔】工具修复图像。

（1）选择【文件】|【打开】命令，打开一幅图像，单击【图层】面板中的【创建新图层】按钮，创建新图层，如图4-9所示。

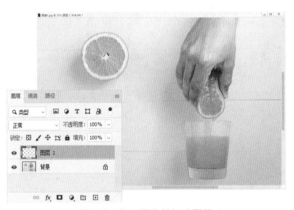

图4-9　打开图像并新建图层

在【源】选项区域中，单击【取样】按钮，表示使用【修复画笔】工具对图像进行修复时，以图像区域中某处的颜色作为参考点；单击【图案】按钮，可在其右侧的拾取器中选择已有的图案用于修复。

（2）选择【修复画笔】工具，并在选项栏中设置画笔【大小】为400像素、【硬度】为0%、【间距】为1%，在【模式】下拉列表中选择【正常】选项，在【源】选项区域中单击【取样】按钮，并在【样本】下拉列表中选择【所有图层】选项，如图4-10所示。

（3）按住Alt键在需修复区域附近单击设置取样点，然后在图像中涂抹，即可修复图像，如图4-11所示。

图4-10　设置【修复画笔】工具

图4-11　修复图像

## 4.1.4 【修补】工具

【修补】工具可以使用图像或图案中的样本像素来修补选中的区域，它会将样本像素的纹理、光照和阴影与目标像素进行匹配。使用该工具时，用户既可以直接使用已经制作好的选区，也可以利用该工具制作选区。

【修补】工具选项栏的【修补】选项区域中包括【源】和【目标】两个按钮。单击【源】按钮时，将选区拖至要修补的区域，修补区域的图像将修补原来的选区；单击【目标】按钮时，将选区拖至要修补区域，可以将选区内的图像复制到该区域。

 注意　　　【修补】工具同样可以使被修补区的明暗度等与周围像素相近，通常适用于范围较大、不需要细致修补的区域。

【练习4-4】使用【修补】工具修补图像。

（1）选择【文件】|【打开】命令，打开一幅图像，并按Ctrl+J组合键复制【背景】图层，如图4-12所示。

（2）选择【修补】工具，在选项栏中单击【源】按钮，然后在画面中单击并拖动创建选区，如图4-13所示。

微课视频

图4-12　打开并复制图像　　　　　　图4-13　创建选区

（3）将鼠标指针移动至选区内，按住鼠标左键并向周围区域拖动，将周围区域的图像复制到选区内遮盖原图像，如图4-14所示。修补完成后，按Ctrl+D组合键取消选区。

图4-14　修补图像

使用【选框】工具、【魔棒】工具或【套索】工具等创建选区后，用户也可以用【修补】工具拖动选区中的图像进行修补、复制。如果要进行复制，选择【修补】工具后，在选项栏中将【修补】选项设置为【正常】，单击【目标】按钮，然后在画面中要复制的区域单击并拖动创建选区。将鼠标指针移至选区内，向周围区域拖动，即可将选区内的图像复制到所需位置，如图4-15所示。

图4-15　使用【修补】工具复制图像

# 4.2　数码照片去除杂色及降噪

使用数码相机拍摄时，如果使用很高的感光度、曝光不足或者用较慢的快门速度在暗光环境中拍摄，数码照片就可能会出现杂色、噪点。简单地对数码照片做去除杂色及降噪处理很容易导致图像模糊或细节丢失。因此，对数码照片进行去除杂色及降噪处理后，再进行锐化处理可较好地改善数码照片的质量，避免图像模糊与细节丢失问题。

## 4.2.1　去除数码照片中的杂色

图像中的杂色可能是呈杂乱斑点状的亮度杂色，也可能是显示为彩色伪像的颜色杂色。【减少杂色】

滤镜可基于影响整个图像或各个通道的设置保留边缘，同时减少杂色。在【减少杂色】对话框中，选中【高级】单选按钮可显示更多选项。单击【每通道】选项卡，在其中可以分别对不同的通道进行参数的设置。

【练习4-5】使用【减少杂色】滤镜调整图像。

（1）选择【文件】|【打开】命令，打开一幅图像，按Ctrl+J组合键复制【背景】图层，如图4-16所示。

（2）选择【滤镜】|【杂色】|【减少杂色】命令，打开【减少杂色】对话框，选中【高级】单选按钮，选中【移去JPEG不自然感】复选框，设置【强度】为6、【保留细节】为100%、【减少杂色】为100%、【锐化细节】为70%，如图4-17所示。

图4-16　打开并复制图像

图4-17　使用【减少杂色】命令

提示

【强度】滑块用来控制应用于图像通道的亮度杂色减少量。【保留细节】滑块用来设置图像边缘和细节的保留度，当该值为100%时，可以保留大多数图像细节，但会将亮度杂色减到最少。【减少杂色】滑块用来消除随机的颜色像素，该值越高，减少的杂色越多。【锐化细节】滑块用来对图像进行锐化。选中【移去JPEG不自然感】复选框，可以消除由于使用低品质设置存储图像而产生的图像斑驳感。

（3）单击【每通道】选项卡，在【通道】下拉列表中选择【绿】选项，设置【强度】为4、【保留细节】为100%，如图4-18所示。

（4）在【通道】下拉列表中选择【蓝】选项，设置【强度】数值为5、【保留细节】为90%，然后单击【确定】按钮，如图4-19所示。

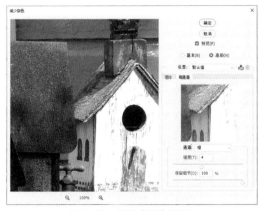

图4-18　调整【绿】通道

图4-19　调整【蓝】通道

### 4.2.2 修复数码照片中的噪点

在光线较暗的情况下，使用较慢的快门速度或较高的感光度进行拍摄，这样会使拍摄的数码照片出现大量噪点。数码照片的噪点需要通过分别对各通道进行模糊、锐化处理来修复。

#### 1. 使用【模糊】滤镜组

【模糊】滤镜组用于修饰图像，使选区或整个图像模糊，让其显得更加柔和。【模糊】滤镜组中的【高斯模糊】、【镜头模糊】等滤镜较为常用。

【练习4-6】使用【模糊】滤镜组调整图像。

（1）选择【文件】|【打开】命令，打开一幅图像，按Ctrl+J组合键复制【背景】图层，如图4-20所示。

（2）选择【图像】|【模式】|【Lab颜色】命令，修改图像的颜色模式，在打开的提示对话框中单击【不拼合】按钮，如图4-21所示。

微课视频

图4-20 打开并复制图像

图4-21 转换为Lab模式

（3）在【通道】面板中，单击【a】通道，并打开Lab通道视图。选择【滤镜】|【模糊】|【高斯模糊】命令，在打开的【高斯模糊】对话框中设置【半径】为5.0像素，单击【确定】按钮，如图4-22所示。

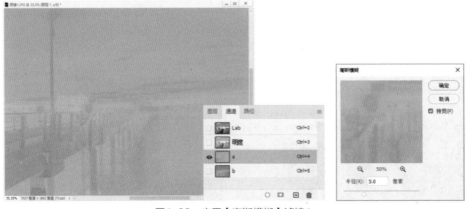

图4-22 应用【高斯模糊】滤镜1

（4）在【通道】面板中，单击【b】通道，选择【滤镜】|【模糊】|【高斯模糊】命令，在打开的【高斯模糊】对话框中设置【半径】为20像素，单击【确定】按钮，如图4-23所示。

（5）在【通道】面板中，单击【明度】通道，选择【滤镜】|【模糊】|【高斯模糊】命令，在打开的【高斯模糊】对话框中设置【半径】为1.5像素，单击【确定】按钮，如图4-24所示。

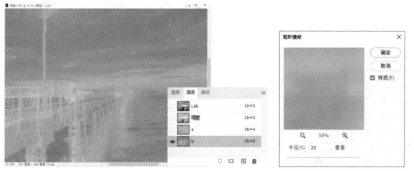

图4-23　应用【高斯模糊】滤镜2

图4-24　应用【高斯模糊】滤镜3

（6）选择【滤镜】|【锐化】|【USM锐化】命令，在打开的【USM锐化】对话框中设置【数量】为120%、【半径】为4.0像素、【阈值】为1色阶，单击【确定】按钮，如图4-25所示。

（7）在【通道】面板中，单击【Lab】通道，选择【图像】|【模式】|【RGB颜色】命令，将图像的色彩模式转换为RGB模式，在打开的提示对话框中单击【不拼合】按钮，如图4-26所示。

图4-25　锐化图像

图4-26　转换为RGB模式

## 2. 使用【中间值】滤镜

【中间值】滤镜专门用于去除图像中的各种斑点，其原理是对图像中的对象进行模糊处理，以此来去除斑点。因此，如果要在整个图像中使用该滤镜，图像中的所有对象都会变得模糊。

【练习4-7】使用【中间值】滤镜调整图像。

（1）选择【文件】|【打开】命令，打开一幅图像，按Ctrl+J组合键复制【背景】图层，如图4-27所示。

（2）设置【图层1】的混合模式为【滤色】、【不透明度】为60%，如图4-28所示。

微课视频

图4-27　打开并复制图像

图4-28　设置混合模式及不透明度

（3）选择【滤镜】|【杂色】|【中间值】命令，打开【中间值】对话框，设置【半径】为5像素，然后单击【确定】按钮，如图4-29所示。

（4）单击【添加图层蒙版】按钮，添加图层蒙版。选择【画笔】工具，在选项栏中设置画笔样式为柔边圆、【不透明度】为20%，然后在图像中擦除不需要处理的部分，如图4-30所示。

图4-29　应用【中间值】滤镜

图4-30　添加图层蒙版

## 4.3　锐化数码照片

对数码照片进行去除杂色及降噪处理后，再进行锐化可较好地改善数码照片的质量，避免图像模糊与细节丢失问题。

### 4.3.1　使用【锐化】工具

【锐化】工具用于锐化图像色彩，也就是可以增大像素间的反差，达到使边线或图像清晰的效果。在【锐化】工具的选项栏中，【模式】下拉列表用于设置锐化模式；【强度】下拉列表用于设置锐化程度，数值越大，锐化效果就越明显。选中【对所有图层取样】复选框，【锐化】工具可以对所有图层中的图像进行操作；未选中该复选框，【锐化】工具只能对当前图层中的图像进行操作。

【练习4-8】使用【锐化】工具调整图像。

（1）选择【文件】|【打开】命令，打开一幅图像，按Ctrl+J组合键复制【背景】图层，如图4-31所示。

（2）选择【锐化】工具，在选项栏中设置画笔样式为150像素大小的柔边圆，在【模式】下拉列表中选择【正常】选项，设置【强度】为100%，然后在图像需要锐化的部分进行涂抹，如图4-32所示。

图4-31　打开并复制图像

图4-32　使用【锐化】工具

## 4.3.2　使用【USM锐化】滤镜

【USM锐化】滤镜可以查找图像中颜色发生显著变化的区域，并在边缘的每一侧生成一条亮线和暗线，使模糊的图像边缘更为突出，从而起到锐化的效果。选择【滤镜】|【锐化】|【USM锐化】命令，打开【USM锐化】对话框。其中，【数量】滑块用来设置锐化程度，数值越高，锐化效果越明显；【半径】滑块用来设置锐化范围；设置【阈值】后，相邻像素之间的差值只有达到或大于该值时才会被锐化。

【练习4-9】使用【USM锐化】滤镜调整图像。

（1）选择【文件】|【打开】命令，打开一幅图像，按Ctrl+J组合键复制【背景】图层，如图4-33所示。

（2）选择【滤镜】|【锐化】|【USM锐化】命令，打开【USM锐化】对话框，设置【数量】为95%、【半径】为2.5像素、【阈值】为1色阶，然后单击【确定】按钮，如图4-34所示。

微课视频

图4-33　打开并复制图像

图4-34　应用【USM锐化】滤镜

## 4.3.3　使用【高反差保留】滤镜

【高反差保留】滤镜可以在有强烈颜色转变的地方按指定半径保留边缘细节，并且不显示图像的其余部分。

【练习4-10】使用【高反差保留】滤镜调整图像。

（1）选择【文件】|【打开】命令，打开一幅图像，按Ctrl+J组合键复制【背景】图层，如图4-35所示。

微课视频

（2）选择【滤镜】|【其他】|【高反差保留】命令，在打开的【高反差保留】对话框中设置【半径】为2.0像素，单击【确定】按钮，如图4-36所示。

图4-35　打开并复制图像

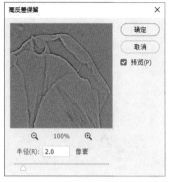

图4-36　应用【高反差保留】滤镜

（3）选择【图层1】图层，设置混合模式为【强光】，使图像变得清晰，如图4-37所示。

图4-37　设置混合模式

> 💡 **提示**　【高反差保留】对话框中的【半径】滑块用于设定该滤镜分析处理的像素范围，值越大，所保留的原图像像素就越多。

## 4.3.4　使用通道进行锐化

用户将图像设置为Lab模式，并对明度通道进行锐化，不仅不会损坏颜色，反而会增加图像的层次。

【练习4-11】使用通道锐化图像。

（1）选择【文件】|【打开】命令，打开一幅图像，按Ctrl+J组合键复制【背景】图层，如图4-38所示。

（2）选择【图像】|【模式】|【Lab颜色】命令，将图像的颜色模式转变为Lab模式，在打开的提示对话框中单击【不拼合】按钮，如图4-39所示。

（3）选择【通道】面板，单击【明度】通道，选择【滤镜】|【锐化】|【USM锐化】命令，在打开的【USM锐化】对话框中设置【数量】为170%、【半径】为3.0像素、【阈值】为1色阶，单击【确定】按钮，如图4-40所示。

（4）选择【图像】|【模式】|【RGB颜色】命令，将图像的颜色模式转换为RGB模式，在打开的提示对话框中单击【不拼合】按钮，如图4-41所示。

图4-38　打开并复制图像　　　　　　　　　　图4-39　转换为Lab模式

图4-40　应用【USM锐化】滤镜　　　　　　　图4-41　转换为RGB模式

### 4.3.5 增强主体轮廓

在Photoshop中，用户可以通过滤镜查找并增强主体对象的轮廓来提高画面清晰度。

**【练习4-12】增强主体轮廓。**

（1）选择【文件】|【打开】命令，打开一幅图像，按Ctrl+J组合键复制【背景】图层，如图4-42所示。

（2）在【通道】面板中选中【绿】通道，并将【绿】通道拖动至【创建新通道】按钮上，复制【绿】通道，如图4-43所示。

图4-42　打开并复制图像　　　　　　　　　　图4-43　复制【绿】通道

（3）选择【滤镜】|【滤镜库】命令，打开【滤镜库】对话框，选中【风格化】滤镜组中的【照亮边缘】滤镜。设置【边缘宽度】为2、【边缘亮度】为8、【平滑度】为15，然后单击【确定】按钮，如图4-44所示。

（4）选择【图像】|【调整】|【色阶】命令，打开【色阶】对话框，在对话框中设置【输入色阶】为39、1.34、202，然后单击【确定】按钮，如图4-45所示。

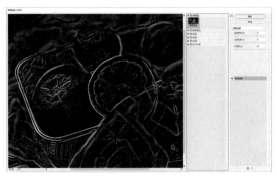

图4-44　应用【照亮边缘】滤镜

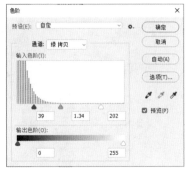

图4-45　调整色阶

（5）按住Ctrl键单击【绿 拷贝】通道的缩览图载入选区，然后选中【RGB】复合通道，如图4-46所示。

（6）选择【滤镜】|【滤镜库】命令，打开【滤镜库】对话框，选择【艺术效果】滤镜组中的【绘画涂抹】滤镜，并设置【画笔大小】为1、【锐化程度】为8，然后单击【确定】按钮，如图4-47所示。设置完成后，按Ctrl+D组合键取消选区。

图4-46　载入选区

图4-47　应用【绘画涂抹】滤镜

 提示　　　　　通道是图像的一种颜色数据信息存储形式，它与图像的颜色模式密切关联，多个分色通道叠加在一起可以组成一幅具有颜色层次的图像。

# 第 **5** 章 影调处理

数码照片的影调直接影响人们观看时的视觉感受。用户使用Photoshop可以根据不同的数码照片来选择合适的命令和工具调整数码照片的影调，增强数码照片的拍摄效果。

## 5.1 控制数码照片的亮度和对比度——【亮度/对比度】命令

亮度即图像的明暗程度；对比度表示的是图像中最亮处和最暗处的亮度差异范围，范围越大，对比度越大，反之则越小。【亮度/对比度】命令是一个简单、直接的调整命令，用户使用该命令可以使图像变亮或变暗。

选择【图像】|【调整】|【亮度/对比度】命令，打开【亮度/对比度】对话框，在对话框中拖动【亮度】滑块和【对比度】滑块或在数值框中输入数值，即可设置图像的亮度、对比度。将【亮度】滑块向右拖动会增加色调值并扩展高光，向左拖动会减少色调值并扩展阴影。拖动【对比度】滑块可扩展或收缩图像中色调值的总体范围。

【练习5-1】使用【亮度/对比度】命令调整图像。

（1）在Photoshop中，选择【文件】|【打开】命令，打开一幅图像，按Ctrl+J组合键复制【背景】图层，如图5-1所示。

微课视频

（2）选择【图像】|【调整】|【亮度/对比度】命令，打开【亮度/对比度】对话框，设置【亮度】为-40、【对比度】为90，然后单击【确定】按钮，如图5-2所示。

图5-1　打开并复制图像　　　　　　　　　图5-2　应用【亮度/对比度】命令

## 5.2 光影的均匀化——【色调均化】命令

【色调均化】命令可以将图像中全部像素的亮度值重新进行分布，使图像中最亮的像素变成白色，最暗的像素变成黑色，中间的像素均匀分布在整个灰度范围内。

打开需要处理的图像，选择【图像】|【调整】|【色调均化】命令，使图像亮度均匀地呈现，如图5-3所示。

图5-3　应用【色调均化】命令

如果图像中存在选区，选择【色调均化】命令时会打开【色调均化】对话框，用于设置色调均化的选项。如果想要只处理选区中的部分，则选中【仅色调均化所选区域】单选按钮，如图5-4所示。如果选中【基于所选区域色调均化整个图像】单选按钮，则可以按照选区内的像素明暗，均化整个图像的色调。

图5-4　【色调均化】对话框

# 5.3　局部增光——【减淡】工具

【减淡】工具通过提高图像的曝光度来提高图像的亮度，用户使用时在图像需要处理的区域反复拖动即可。

- **【范围】下拉列表**：其中【阴影】选项表示仅对图像的暗色调区域进行处理，【中间调】选项表示仅对图像的中间色调区域进行处理，【高光】选项表示仅对图像的亮色调区域进行处理。
- **【曝光度】下拉列表**：用于设置曝光强度。
- **【保护色调】复选框**：选中该复选框，可以保护图像的色调不受影响。

【练习5-2】使用【减淡】工具调整图像。

（1）打开一幅图像文件，选择【减淡】工具，在选项栏中设置画笔样式为柔边圆，在【范围】下拉列表中选择【中间调】选项，设置【曝光度】为50%，如图5-5所示。

微课视频

（2）设置完成后，在画面中按住鼠标左键进行涂抹，涂抹的位置亮度会有所提高。在某个区域涂抹的次数越多，该区域就会变得越亮，如图5-6所示。

图5-5 设置【减淡】工具　　　　　　　　　　　　　　　图5-6 涂抹后的效果

## 5.4 局部减光——【加深】工具

与【减淡】工具相反，【加深】工具用于降低图像的曝光度，通常用来加深图像的阴影或降低图像中高光部分的亮度。【加深】工具的选项栏与【减淡】工具选项栏的内容基本相同，但使用它们产生的效果刚好相反。

【练习5-3】使用【加深】工具调整图像。

（1）打开一幅图像，按Ctrl+J组合键复制【背景】图层，如图5-7所示。

（2）选择【加深】工具，在选项栏中设置画笔样式为柔边圆，在【范围】下拉列表中选择【中间调】选项，设置【曝光度】为30%，然后在图像中涂抹以加深颜色，如图5-8所示。

微课视频

图5-7 打开并复制图像　　　　　　　　　　　　　　　图5-8 使用【加深】工具

## 5.5 把握数码照片的曝光度——【曝光度】命令

只有拍摄时正确捕捉光线，才能使数码照片呈现出曼妙光彩。曝光不正确，则会造成拍摄出的数码照片太暗或太亮；此时，数码照片的画面会缺乏层次感，这样就需要后期对数码照片的影调进行调整。

【曝光度】命令可以调整图像的曝光度。选择【图像】|【调整】|【曝光度】命令，打开【曝光度】对话框。

在对话框中，【曝光度】滑块用于调整色调范围的高光端，对极限阴影的影响很轻微；【位移】滑块用于使阴影和中间调变暗，对高光的影响很轻微；【灰度系数校正】滑块使用简单的乘方函数调整图像灰度系数。

【练习5-4】使用【曝光度】命令调整图像。

（1）在Photoshop中，选择【文件】|【打开】命令，打开一幅图像，按Ctrl+J组合键复制【背景】图层，如图5-9所示。

（2）选择【图像】|【调整】|【曝光度】命令，打开【曝光度】对话框，设置【曝光度】为+0.08、【灰度系数校正】为0.90，然后单击【确定】按钮，如图5-10所示。

图5-9　打开并复制图像　　　　　图5-10　应用【曝光度】命令

在【曝光度】对话框中，使用【设置黑场吸管】工具在图像中单击，可以使单击处的像素变为黑色；使用【设置白场吸管】工具在图像中单击，可以使单击处的像素变为白色；使用【设置灰场吸管】工具在图像中单击，可以使单击处的像素变为中度灰色。

# 5.6　改善数码照片影调的必备工具1——【色阶】命令

【色阶】命令主要用于调整图像的明暗程度及对比度。【色阶】命令的优势在于可以单独对图像的阴影、中间调、高光，以及亮部、暗部进行调整，而且可以对各个颜色通道进行调整，以实现色彩调整的目的。【色阶】对话框中的直方图可用作调整图像基本色调的直观参考。选择【图像】|【调整】|【色阶】命令（或按Ctrl+L组合键），打开图5-11所示的【色阶】对话框，或者在【调整】面板中，单击【创建新的色阶调整图层】按钮，创建一个色阶调整图层。

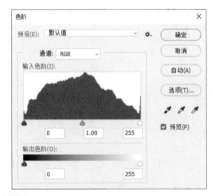

图5-11　【色阶】对话框

在【输入色阶】区域可以拖动滑块来调整图像的阴影、中间调和高光，同时也可以直接在对应的数值框中输入数值。左边的黑色滑块用于调节深色系的色调，右边的白色滑块用于调节浅色系的色调。将左侧滑块向右侧拖动，亮度提高；将右侧滑块向左侧拖动，亮度降低，如图5-12所示。

图5-12　调整【输入色阶】

中间的滑块用于调节中间调，向左拖动中间调滑块，图像的中间调区域会变亮，受其影响，图像的大部分区域会变亮；向右拖动中间调滑块，图像的中间调区域会变暗，受其影响，图像的大部分区域会变暗，如图5-13所示。

图5-13　调整中间调

在【输出色阶】区域中可以设置图像的亮度范围，从而降低对比度，使图像呈现出褪色效果。向右拖动暗部滑块，图像的暗部区域会变亮，图像会产生变灰的效果；向左拖动亮部滑块，图像的亮部区域会变暗，如图5-14所示。

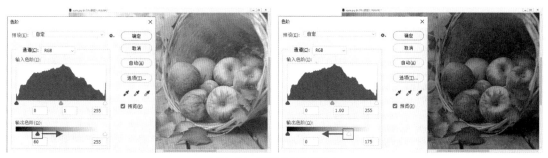

图5-14　调整【输出色阶】

在【色阶】对话框中，使用【在图像中取样以设置黑场】工具在图像中单击取样，可以将单击处的像素调整为黑色，同时图像中比该取样点暗的像素也会变成黑色；使用【在图像中取样以设置灰场】工具在图像中单击取样，可以根据单击点像素的亮度来调整其他中间调的平均亮度；使用【在图像中取样以设置白场】工具在图像中单击取样，可以将单击处的像素调整为白色，同时图像中比该取样点亮的像素也会变成白色，如图5-15所示。

（a）设置黑场

（b）设置灰场

（c）设置白场

图5-15　设置取样

【练习5-5】为图像制作清新色调效果。

（1）选择【文件】|【打开】命令，打开一幅图像，并按Ctrl+J组合键复制【背景】图层，如图5-16所示。

微课视频

（2）在【调整】面板中，单击【创建新的色彩平衡调整图层】按钮，打开【属性】面板。在【属性】面板中，设置【中间调】为-10、+12、+23，如图5-17所示。

图5-16　打开并复制图像

图5-17　创建色彩平衡调整图层

（3）在【调整】面板中，单击【创建新的曝光度调整图层】按钮，打开【属性】面板。在【属性】面板中，设置【曝光度】为+0.13、【灰度系数校正】为1.30，如图5-18所示。

（4）在【调整】面板中，单击【创建新的色阶调整图层】按钮，打开【属性】面板。在【属性】面板中，设置【RGB】通道输入色阶为0、1.17、255，如图5-19所示。

图5-18　创建曝光度调整图层

图5-19　创建色阶调整图层

（5）在【属性】面板中，选择【蓝】通道，并设置输入色阶为0、1.19、240，如图5-20所示。

（6）在【调整】面板中，单击【创建新的可选颜色调整图层】按钮，打开【属性】面板。在【属性】面板的【颜色】下拉列表中选择【黄色】选项，设置【黄色】为-60%、【黑色】为-100%，如图5-21所示。

图5-20　调整【蓝】通道　　　　　　　　　图5-21　创建可选颜色调整图层

（7）在【属性】面板的【颜色】下拉列表中选择【绿色】选项，设置【黑色】为-100%，如图5-22所示。

（8）按Ctrl+Shift+Alt+E组合键盖印图层，生成【图层2】图层。选择【减淡】工具，在选项栏中将画笔样式设置为柔边圆、【曝光度】为50%，然后使用【减淡】工具进一步调整背景部分，如图5-23所示。

图5-22　调整【绿色】　　　　　　　　　　图5-23　使用【减淡】工具

（9）选择【加深】工具，在选项栏中将画笔样式设置为柔边圆、【曝光度】为30%，加深人物面部，如图5-24所示。

（10）选择【滤镜】|【锐化】|【USM锐化】命令，打开【USM锐化】对话框。在对话框中，设置【数量】为170%、【半径】为1.5像素、【阈值】为1色阶，然后单击【确定】按钮，如图5-25所示。

图5-24　使用【加深】工具　　　　　　　　图5-25　锐化图像

# 5.7 改善数码照片影调的必备工具2——【曲线】命令

【曲线】命令和【色阶】命令类似，既可以调整图像的明暗程度和对比度，又可以校正图像偏色问题，以及调整图像的色调效果。选择【图像】|【调整】|【曲线】命令（或按Ctrl+M组合键），打开图5-26所示的【曲线】对话框。在【曲线】对话框中，左侧为曲线调整区域，在这里可以通过改变曲线的形态来调整图像的明暗程度。横轴用来表示图像原来的亮度值，相当于【色阶】对话框中的输入色阶；纵轴用来表示新的亮度值，相当于【色阶】对话框中的输出色阶；对角线用来显示当前【输入】和【输出】数值之间的关系，在没有进行调整时，所有的像素拥有相同的【输入】和【输出】数值。

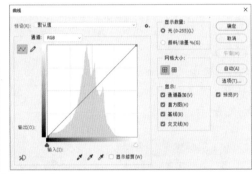

图5-26 【曲线】对话框

曲线上半部分控制图像的亮部区域，中间部分控制图像的中间调区域，下半部分控制图像的暗部区域。在曲线上单击即可创建一个点，然后拖动曲线上的点可以调整曲线形状。将曲线上的点向左上移动可以使图像变亮，将曲线上的点向右下移动可以使图像变暗，如图5-27所示。

图5-27 调整曲线形状

💡提示　　在【曲线】对话框中，单击【铅笔】按钮，可以随意在图表中绘制曲线。绘制完成后，还可以单击对话框中的【平滑】按钮，使绘制的曲线变得平滑。

【练习5-6】使用【曲线】命令调整图像。

（1）选择【文件】|【打开】命令，打开一幅图像，按Ctrl+J组合键复制【背景】图层，如图5-28所示。

（2）在【调整】面板中，单击【创建新的曲线调整图层】按钮，在打开的【属性】面板中调整RGB通道的曲线形状，如图5-29所示。

微课视频

图5-28 打开并复制图像

图5-29 创建曲线调整图层

（3）选择【画笔】工具，将画笔样式设置为柔边圆、【不透明度】为20%，然后使用【画笔】工具在【曲线1】图层蒙版中涂抹人物面部暗色以外的区域，如图5-30所示。

（4）按Ctrl+Shift+Alt+E组合键盖印图层，生成【图层2】。按Ctrl+Shift+Alt+2组合键载入选区，如图5-31所示。

图5-30 调整图层蒙版

图5-31 载入选区1

（5）在【调整】面板中，单击【创建新的曲线调整图层】按钮，在打开的【属性】面板中调整RGB通道的曲线形状，如图5-32所示。

（6）在【图层】面板中，选中【图层2】图层，按Ctrl+Shift+Alt+2键载入选区，如图5-33所示。

图5-32 调整RGB通道的曲线形状

图5-33 载入选区2

（7）在【调整】面板中，单击【创建新的曲线调整图层】按钮，在打开的【属性】面板中调整RGB通道的曲线形状，如图5-34所示。

（8）在【图层】面板中，选中【曲线2】图层，按Ctrl+Shift+Alt+E键盖印图层，生成【图层3】。在【调整】面板中，单击【创建新的色阶调整图层】按钮，在打开的【属性】面板中设置输入色阶为8、1.67、255，如图5-35所示。

图5-34　调整RGB通道的曲线形状　　　　　　　图5-35　创建色阶调整图层

（9）使用【画笔】工具在【色阶1】图层蒙版中涂抹人物不需要提亮的区域，如图5-36所示。

（10）在【图层】面板中，按Ctrl+Shift+Alt+E键盖印图层，生成【图层4】。选择【滤镜】|【锐化】|【USM锐化】命令，打开【USM锐化】对话框。在对话框中，设置【数量】为200%、【半径】为0.5像素、【阈值】为1色阶，然后单击【确定】按钮，如图5-37所示。

图5-36　调整图层蒙版

图5-37　锐化图像

## 5.8　控制数码照片的影调——【阴影/高光】命令

【阴影/高光】命令适用于校正强逆光导致剪影的数码照片或由于太接近相机闪光灯而有些发白的焦点。在采用其他采光方式的数码照片中，该命令也可使阴影区域变亮。

选择【图像】|【调整】|【阴影/高光】命令，打开【阴影/高光】对话框。在【阴影/高光】对话框中，用户可以移动【数量】滑块或在数值框中输入数值来调整光照的校正量，如图5-38所示。数值越大，阴影的增亮程度或者高光的变暗程度也就越大，这样就可以同时调整图像中的阴影和高光区域。

图5-38　调整【数量】滑块

选中【显示更多选项】复选框，【阴影/高光】对话框会提供更多的选项，从而可以更加精确地调整效果，如图5-39所示。【阴影】选项区域与【高光】选项区域中的选项是相同的。

图5-39 显示更多选项

- 【数量】滑块：用于控制阴影/高光区域的亮度。【阴影】下【数量】的值越大，阴影区域就越亮；【高光】下【数量】的值越大，高光区域就越暗，如图5-40所示。

（a）阴影数量：20%　　（b）阴影数量：50%　　（c）高光数量：50%　　（d）高光数量：10%

图5-40 设置【数量】

- 【色调】滑块：用于控制色调的修改范围，值越小，修改的范围越小。
- 【半径】滑块：用于控制每个像素周围局部相邻像素的范围大小，值越小，范围越小。相邻像素用于确定像素是在阴影区域还是在高光区域。
- 【颜色】滑块：用于控制图像颜色的饱和度。值越小，饱和度越低；值越大，饱和度越高，如图5-41所示。
- 【中间调】滑块：用来调整中间调的对比度，值越大，中间调的对比度越高，如图5-42所示。

（a）颜色：+100　　（b）颜色：-100　　　　（a）中间调：+100　　（b）中间调：-100

图5-41 设置【颜色】　　　　　　图5-42 设置【中间调】

- 【修剪黑色】数值框：可以将阴影区域变为纯黑色，值的大小用于控制阴影变为黑色的范围。值越大，变为黑色的范围越大，图像整体越暗，最大为50%，过大的值会使图像损失过多细节，如图5-43所示。
- 【修剪白色】数值框：可以将高光区域变为纯白色，值的大小用于控制高光变为白色的范围。值越大，变为白色的范围越大，图像整体越亮，最大为50%，过大的值会使图像损失过多细节，如图5-44所示。

（a）修剪黑色：0.01%　　　　（b）修剪黑色：20%　　　　（c）修剪黑色：50%

图5-43　设置【修剪黑色】

（a）修剪白色：0.01%　　　　（b）修剪白色：10%　　　　（c）修剪白色：30%

图5-44　设置【修剪白色】

- 【存储默认值】按钮：如果要将对话框中的设置存储为默认值，此时可以单击该按钮。存储为默认值后，再次打开【阴影/高光】对话框时，就会显示该设置。

【练习5-7】使用【阴影/高光】命令调整图像。

微课视频

（1）在Photoshop中，选择【文件】|【打开】命令，打开一幅图像，按Ctrl+J组合键复制【背景】图层，如图5-45所示。

（2）选择【图像】|【调整】|【阴影/高光】命令，打开【阴影/高光】对话框，设置阴影【数量】为45%，设置高光【数量】为20%，如图5-46所示。

图5-45　打开并复制图像　　　　　　　　　　　　图5-46　调整【数量】

（3）选中【显示更多选项】复选框，在【阴影】选项区域中设置【色调】为20%，在【高光】选项区域中设置【色调】为40%，在【调整】选项区域中设置【颜色】为+55，如图5-47所示。设置完成后，单击【确定】按钮。

图5-47　调整阴影/高光

【修剪黑色】和【修剪白色】选项可以指定在图像中将多少阴影和高光剪切到新的极端阴影（色阶为0，黑色）和高光（色阶为255，白色）颜色。该值越高，色调的对比度越高。

## 5.9 模拟各种光晕效果——【镜头光晕】滤镜

【镜头光晕】滤镜可以模拟亮光照射到相机镜头所产生的折射或用来增强日光和灯光的效果。用户设置不同类型的镜头可以为图像添加不同光晕效果。选择【滤镜】|【渲染】|【镜头光晕】命令，打开【镜头光晕】对话框，首先在预览区域中单击以定位光晕位置，然后通过设置亮度值及镜头类型修改光晕效果。

【练习5-8】使用【镜头光晕】滤镜调整图像。

（1）在Photoshop中，选择【文件】|【打开】命令，打开一幅图像，按Ctrl+J组合键复制【背景】图层，如图5-48所示。

（2）选择【滤镜】|【渲染】|【镜头光晕】命令，打开【镜头光晕】对话框，在预览区域中单击以定位光晕位置，选中【50-300毫米变焦】单选按钮，设置【亮度】为110%，然后单击【确定】按钮，如图5-49所示。

微课视频

图5-48　打开并复制图像　　　　　　　图5-49　应用【镜头光晕】滤镜

（3）选择【滤镜】|【镜头光晕】命令，再次应用【镜头光晕】滤镜，如图5-50所示。

图5-50　再次应用【镜头光晕】滤镜

　在【镜头光晕】对话框的预览区域中可以拖动十字线来调节光晕的位置。【亮度】滑块用来控制光晕的亮度；【镜头类型】选项用来选择镜头的类型，其中包括【50-300毫米变焦】、【35毫米聚焦】、【105毫米聚焦】、【电影镜头】4种。

# 第6章 色彩调整

色彩是数码照片最好的视觉语言。独特的色彩风格是拍摄者内心感受的传递形式。Photoshop提供了多种色彩调整命令，用户可根据数码照片的具体情况，选择合适的命令调整数码照片的色彩。

## 6.1 自动调整数码照片的颜色和影调

Photoshop的各项调整命令不仅可以快速调整图像的影调，还可以根据画面的整体需要，快速对图像的颜色、色调进行自动处理。选择菜单栏中的【图像】|【自动色调】、【自动对比度】或【自动颜色】命令，即可自动调整图像效果。

- 【自动色调】命令可以自动调整图像中的黑场和白场，将每个颜色通道中最亮和最暗的像素映射到纯白（色阶为255）和纯黑（色阶为0），中间像素按比例重新分布，从而增强图像的对比，如图6-1所示。

图6-1　应用【自动色调】命令

- 【自动对比度】命令可以自动调整图像亮部区域和暗部区域的对比度，它将图像中最暗的像素转换成为黑色，将最亮的像素转换为白色，从而提高图像的对比度，如图6-2所示。

图6-2　应用【自动对比度】命令

- 【自动颜色】命令通过搜索图像来识别阴影、中间调和高光，从而调整图像的对比度和颜色，如图6-3所示。在默认情况下，【自动颜色】使用RGB128灰色这一目标颜色来中和中间调，并将阴影和高光像素剪切0.5%。在【自动颜色校正选项】对话框中可以更改这些默认值。

图6-3　应用【自动颜色】命令

## 6.2　提高数码照片的饱和度——【自然饱和度】命令

用户使用Photoshop中的相关命令提高图像的饱和度，不仅可以还原图像中对象的真实色彩，还可以提高图像的层次感。【自然饱和度】命令可以用于调整图像饱和度，以便颜色接近最大饱和度。

【练习6-1】使用【自然饱和度】命令调整图像。

（1）选择【文件】|【打开】命令，打开一幅图像，并按Ctrl+J组合键复制【背景】图层，如图6-4所示。

（2）选择【图像】|【调整】|【自然饱和度】命令，打开【自然饱和度】对话框。在对话框中，拖动【自然饱和度】滑块至+100，并拖动【饱和度】滑块至+10，然后单击【确定】按钮，如图6-5所示。

微课视频

图6-4　打开并复制图像　　　　　　图6-5　应用【自然饱和度】命令

## 6.3　调整指定颜色的色相与饱和度——【色相/饱和度】命令

【色相/饱和度】命令主要用于改变图像的色相、饱和度和明度；还可以通过给像素定义新的色相和饱和度，给灰度图像上色，创作单色调效果。需要注意的是，由于位图模式和灰度模式的图像不能使用【色相/饱和度】命令，因此使用前必须先将其转换为RGB模式或其他颜色模式。

选择【图像】|【调整】|【色相/饱和度】命令（或按Ctrl+U组合键），打开图6-6所示的【色相/饱和度】对话框。该对话框中有【色相】、【饱和度】、【明度】3个滑块，拖动相应的滑块可以调整图像的色相、饱和度和明度。

图6-6 【色相/饱和度】对话框

在【预设】下拉列表中提供了【氰版照相】、【进一步增加饱和度】、【增加饱和度】、【旧样式】、【红色提升】、【深褐】、【强饱和度】、【黄色提升】8种色相/饱和度预设，如图6-7所示。

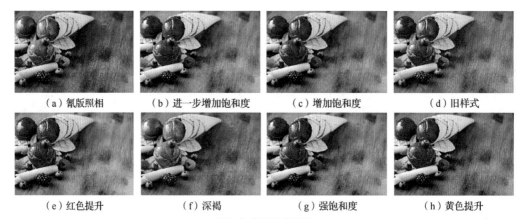

（a）氰版照相　　　（b）进一步增加饱和度　　　（c）增加饱和度　　　（d）旧样式

（e）红色提升　　　（f）深褐　　　（g）强饱和度　　　（h）黄色提升

图6-7 【预设】选项

用户如果想要单独调整某种颜色的色相、饱和度、明度，可以在【颜色通道】列表中选择【红色】、【黄色】、【绿色】、【青色】、【蓝色】或【洋红】通道，然后进行调整。单击【颜色通道】下拉列表旁的ⅴ按钮，可以选择要调整的颜色，如图6-8所示。选择【全图】选项，拖动下面的滑块可以调整图像中所有颜色的色相、饱和度和明度。

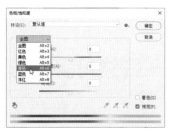

图6-8 选择颜色通道

- 【色相】滑块：可以更改图像各个部分或某种颜色的色相。
- 【饱和度】滑块：可以调整图像整体或某种颜色的鲜艳程度，值越大，颜色越艳丽。

- 【明度】滑块：可以调整图像整体或某种颜色的明亮程度。值越大，越接近白色；值越小，越接近黑色。

💡提示　　单击【色相/饱和度】对话框中的🖐按钮后，将鼠标指针放置在要调整的颜色上，单击并拖动即可修改单击处颜色的饱和度。向左拖动可降低饱和度，向右拖动可增加饱和度。如果按住Ctrl键拖动，则可以修改色相。

在【色相/饱和度】对话框中，还可对图像进行着色操作。选中【着色】复选框，拖动【饱和度】滑块和【色相】滑块来改变图像颜色即可，如图6-9所示。

图6-9　进行着色

【练习6-2】使用【色相/饱和度】命令调整图像。

（1）选择【文件】|【打开】命令，打开一幅图像，按Ctrl+J组合键复制【背景】图层，如图6-10所示。

微课视频

（2）选择【图像】|【调整】|【色相/饱和度】命令，打开【色相/饱和度】对话框。在该对话框中，设置通道为【洋红】，设置【色相】为-120、【饱和度】为+10，如图6-11所示。

图6-10　打开并复制图像　　　　　　　图6-11　调整【洋红】通道

（3）设置通道为【红色】，设置【色相】为-45，然后单击【确定】按钮，如图6-12所示。

图6-12　调整【红色】通道

# 6.4 颜色控制——【色彩平衡】命令

用户使用Photoshop中的色彩调整命令不仅可以修复数码照片在拍摄时产生的各种偏色问题，还可以为数码照片设置各种不同的色调效果。【色彩平衡】命令可以调整彩色图像中颜色的组成，因此，【色彩平衡】命令多用于调整偏色图像，或者用于处理特意突出某种色调范围的图像。

选择【图像】|【调整】|【色彩平衡】命令（或按Ctrl+B组合键），打开图6-13所示的【色彩平衡】对话框。

- 【色彩平衡】选项区域中，【色阶】数值框可以调整RGB到CMYK色彩模式间对应的色彩变化，其取值范围为-100～+100。用户也可以拖动数值框下方的颜色滑块以在图像中增加或减少颜色。

图6-13 【色彩平衡】对话框

- 【色调平衡】选项区域中，用户可以选择【阴影】、【中间调】、【高光】3个色调调整范围。选中其中任一单选按钮后，可以对相应范围内的颜色进行调整。

> 提示 在【色彩平衡】对话框中，选中【保持明度】复选框可以在调整色彩时保持图像明度不变。

【练习6-3】使用【色彩平衡】命令调整图像。

（1）选择【文件】|【打开】命令，打开一幅图像，按Ctrl+J组合键复制【背景】图层，如图6-14所示。

（2）选择【图像】|【调整】|【色彩平衡】命令，打开【色彩平衡】对话框。在该对话框中，设置中间调色阶为-100、+25、+10，如图6-15所示。

图6-14 打开并复制图像

图6-15 调整中间调色阶

（3）选中【阴影】单选按钮，设置阴影色阶为-5、+30、0，然后单击【确定】按钮，如图6-16所示。

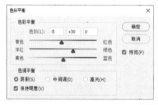

图6-16 调整阴影色阶

# 6.5 调整数码照片的颜色——【照片滤镜】命令

【照片滤镜】命令可以模拟通过彩色校正滤镜拍摄数码照片的效果。该命令允许用户选择预设的颜色或者自定义的颜色对图像进行色相调整。

【练习6-4】使用【照片滤镜】命令调整图像。

（1）选择【文件】|【打开】命令，打开一幅图像，按Ctrl+J组合键复制【背景】图层，如图6-17所示。

（2）选择【图像】|【调整】|【照片滤镜】命令，打开【照片滤镜】对话框。在对话框中的【滤镜】下拉列表中选择【Deep Yellow】选项，设置【密度】为50%，然后单击【确定】按钮，如图6-18所示。

微课视频

图6-17　打开并复制图像

图6-18　应用【照片滤镜】命令

提示　　【照片滤镜】命令可用于校正图像的颜色，例如图像颜色偏红时，用户可以选用作为其补色的青色滤镜来校正颜色，以恢复图像的正常颜色。

# 6.6 协调数码照片的颜色差异——【匹配颜色】命令

【匹配颜色】命令可以将一幅图像（源图像）的颜色与另一幅图像（目标图像）的颜色匹配，它比较适合使多幅图像的颜色保持一致。此外，该命令还可以匹配多个图层和选区之间的颜色。

选择【图像】|【调整】|【匹配颜色】命令，打开图6-19所示的【匹配颜色】对话框。【匹配颜色】对话框中各选项的作用如下。

- 【明亮度】滑块：可以调节图像的亮度，设置的值越大，得到的图像越亮，反之则越暗。
- 【颜色强度】滑块：可以调节图像的颜色饱和度，设置的值越大，得到的图像所匹配的颜色饱和度越高。
- 【渐隐】滑块：可以设置目标图像和源图像的颜色相近程度，设置的值越大，得到的图像效果越接近颜色匹配前的效果。
- 【中和】复选框：选中此复选框，可以自动去除目标图像中的色痕。
- 【使用源选区计算颜色】复选框：选中此复选框可以使用源图像中的选区图像的颜色来计算匹配颜色。

图6-19　【匹配颜色】对话框

- **【使用目标选区计算调整】复选框**：选中此复选框可以使用目标图像中的选区图像的颜色来计算匹配颜色（注意这种情况必须选择源图像为目标图像）。
- **【源】下拉列表**：在下拉列表中可以选取要将其颜色与目标图像中的颜色相匹配的源图像。
- **【图层】下拉列表**：在下拉列表中可以从要匹配其颜色的源图像中选取图层。

微课视频

**【练习6-5】** 使用【匹配颜色】命令调整图像。

（1）在Photoshop中，选择【文件】|【打开】命令，打开两幅图像，如图6-20所示，并选中图像1.jpg。

图6-20　打开图像

（2）选择【图像】|【调整】|【匹配颜色】命令，打开【匹配颜色】对话框，在对话框的【图像统计】选项区域的【源】下拉列表中选择图像2.jpg，如图6-21所示。

图6-21　设置源图像

（3）在【图像选项】选项区域中，选中【中和】复选框，设置【明亮度】为50、【颜色强度】为150、【渐隐】为10，然后单击【确定】按钮，如图6-22所示。

图6-22　调整图像选项

# 6.7 针对单一颜色的色彩校正——【可选颜色】命令

【可选颜色】命令可以对限定颜色区域中各像素的青色、洋红、黄色、黑色进行调整，从而在不影响其他颜色的基础上调整限定的颜色。【可选颜色】命令可以有针对性地调整图像中的某个颜色或校正色彩平衡等。

选择【图像】|【调整】|【可选颜色】命令，打开【可选颜色】对话框，在该对话框的【颜色】下拉列表中可以选择需要调整的颜色。

【练习6-6】使用【可选颜色】命令调整图像。

（1）选择【文件】|【打开】命令，打开一幅图像，按Ctrl+J组合键复制【背景】图层，如图6-23所示。

（2）选择【图像】|【调整】|【可选颜色】命令，打开【可选颜色】对话框，在该对话框的【颜色】下拉列表中选择【黄色】选项，设置【青色】为-100%、【洋红】为0%、【黄色】为+100%、【黑色】为+100%，然后单击【确定】按钮，如图6-24所示。

图6-23　打开并复制图像

图6-24　应用【可选颜色】命令

提示　【可选颜色】对话框中的【方法】选项用来设置颜色的调整方式。选中【相对】单选按钮，可按照总量的百分比修改现有的青色、洋红、黄色或黑色的含量；选中【绝对】单选按钮，则采用绝对值调整颜色。

【练习6-7】制作电影胶片色调效果。

（1）选择【文件】|【打开】命令，打开一幅图像，按Ctrl+J组合键复制【背景】图层，如图6-25所示。

（2）选择【滤镜】|【Camera Raw滤镜】命令，打开【Camera Raw】对话框。在对话框中，选择【白平衡】工具，在图像中单击窗框部分的中性色，调整图像的白平衡，然后单击【确定】按钮，如图6-26所示。

图6-25　打开并复制图像

图6-26　调整白平衡

（3）按Ctrl+J组合键复制【图层1】图层，选择【滤镜】|【其他】|【高反差保留】命令，打开【高反差保留】对话框。在对话框中，设置【半径】为2.0像素，单击【确定】按钮，如图6-27所示。

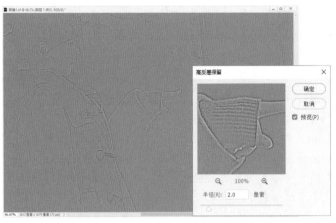

图6-27 应用【高反差保留】滤镜

（4）在【图层】面板中，设置【图层1拷贝】图层的混合模式为【叠加】，如图6-28所示。

图6-28 设置图层的混合模式

（5）按Ctrl+Shift+Alt+E组合键盖印图层，生成【图层2】图层。按Ctrl+Shift+Alt+2组合键调取图像高光区域，如图6-29所示。

图6-29 创建选区

（6）选择【选择】|【反选】命令，反选选区。在【调整】面板中，单击【创建新的照片滤镜调整图层】按钮，打开【属性】面板。在【属性】面板的【滤镜】下拉列表中选择【Deep Emerald】选项，并设置【密度】为70%，如图6-30所示。

图6-30　创建照片滤镜调整图层

（7）选择【画笔】工具，在选项栏中将画笔样式设置为柔边圆、【不透明度】为20%，在照片滤镜调整图层蒙版中涂抹人物面部，如图6-31所示。

（8）按Ctrl+Shift+Alt+E组合键盖印图层，生成【图层3】图层。在【调整】面板中，单击【创建新的可选颜色调整图层】按钮，打开【属性】面板。在【属性】面板的【颜色】下拉列表中选择【红色】选项，设置【青色】为-100%、【洋红】为+55%、【黄色】为+100%，如图6-32所示。

图6-31　调整图层蒙版

图6-32　调整【红色】

（9）在【属性】面板的【颜色】下拉列表中选择【黑色】选项，设置【青色】为+25%、【洋红】为+12%、【黄色】为-15%，如图6-33所示，完成图像调整。

图6-33　调整【黑色】

# 第7章 | 特殊色彩效果制作

用户利用Photoshop对数码照片进行艺术色调的处理，可以将普通数码照片转换为色彩丰富、视觉效果强烈的艺术照片。

## 7.1 通过颜色通道设置数码照片的色彩——【通道混合器】命令

【通道混合器】命令可以通过图像中现有（源）颜色通道的混合来修改目标（输出）颜色通道，从而控制单个通道的颜色量。用户利用该命令可以创建高品质的灰度图像或其他色调图像，也可以对图像进行创造性的颜色调整。

选择【图像】|【调整】|【通道混合器】命令，打开图7-1所示的【通道混合器】对话框。图像的颜色模式不同，打开的【通道混合器】对话框也会略有不同。【通道混合器】命令只能用于RGB和CMYK模式的图像，并且在执行该命令之前，必须在【通道】面板中选择主通道，而不能选择分色通道。

图7-1 【通道混合器】对话框

- 【预设】下拉列表：可以在此下拉列表中选择使用预设的通道混合器，如图7-2所示。

（a）原图

（b）红外线的黑白（RGB）

（c）使用蓝色滤镜的黑白（RGB）

（d）使用绿色滤镜的黑白（RGB）

（e）使用橙色滤镜的黑白（RGB）

（f）使用红色滤镜的黑白（RGB）

（g）使用黄色滤镜的黑白（RGB）

图7-2 【预设】选项

- 【输出通道】下拉列表：可以选择要在其中混合一个或多个现有的通道。
- 【源通道】选项区域：用来设置输出通道中源通道所占的百分比。将一个源通道的滑块向左拖动时，可减小该通道在输出通道中所占的百分比；向右拖动时，则增大百分比。【总计】选项显示了源通道的总计值。如果合并的通道值高于100%，Photoshop会在此处显示警告图标。
- 【常数】滑块：用于调整输出通道的灰度值。如果设置的值是负数，会增加更多的黑色；如果设置的值是正数，会增加更多的白色。
- 【单色】复选框：选中该复选框，可将彩色的图像变为无色彩的灰度图像。

【练习7-1】使用【通道混合器】命令调整图像。

（1）选择【文件】|【打开】命令，打开一幅图像，按Ctrl+J组合键复制【背景】图层，如图7-3所示。

微课视频

（2）选择【图像】|【调整】|【通道混合器】命令，打开【通道混合器】对话框，在对话框中设置【红】输出通道的【红色】为+136%，如图7-4所示。

图7-3　打开并复制图像

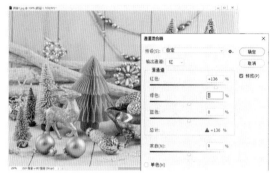

图7-4　设置【红】输出通道

（3）在对话框的【输出通道】下拉列表中选择【绿】选项，设置【红色】为+10%、【绿色】为+115%、【蓝色】为-5%、【常数】为-5%，如图7-5所示。

（4）在对话框的【输出通道】下拉列表中选择【蓝】选项，设置【红色】为+30%、【绿色】为-10%、【蓝色】为+100%、【常数】为-5%，然后单击【确定】按钮，如图7-6所示。

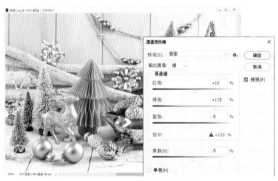

图7-5　设置【绿】输出通道

图7-6　设置【蓝】输出通道

提示

在【通道混合器】对话框中，单击【预设】下拉列表框右侧的【预设选项】按钮，在弹出的菜单中选择【存储预设】命令，打开【存储】对话框，在其中可以将当前自定义设置存储为CHA格式文件。当重新执行【通道混合器】命令时，用户可以从【预设】下拉列表中选择自定义设置。

## 7.2 改变数码照片中的特定颜色——【替换颜色】命令

用户使用【替换颜色】命令可以创建临时性的蒙版以选择图像中的特定颜色，然后替换颜色，也可以设置选定区域的色相、饱和度和亮度，或者使用拾色器来选择替换颜色。

【练习7-2】使用【替换颜色】命令调整图像。

（1）选择【文件】|【打开】命令，打开一幅图像，按Ctrl+J组合键复制【背景】图层，如图7-7所示。

（2）选择【图像】|【调整】|【替换颜色】命令，打开【替换颜色】对话框。在对话框中，设置【颜色容差】为40，然后使用【吸管】工具在图像背景区域单击取样，如图7-8所示。

微课视频

图7-7 打开并复制图像

图7-8 取样

（3）在对话框的【结果】选项区域中，设置【色相】为+115、【饱和度】为+15、【明度】为-5，如图7-9所示。

图7-9 设置替换颜色

（4）单击【添加到取样】按钮，在需要替换颜色的区域单击，然后单击【确定】按钮，如图7-10所示。

图7-10 添加取样

# 7.3 为数码照片添加梦幻影调——【渐变映射】命令

【渐变映射】命令用于将相等的图像灰度范围映射到指定的渐变填充色中。如果指定的是双色渐变填充，图像中的阴影会映射到渐变填充的一个端点颜色，高光映射到另一个端点颜色，而中间调则映射到两个端点颜色之间的渐变。

> **注意**　【渐变映射】命令会改变图像色调的对比度。为避免出现这种情况，用户可在创建【渐变映射】调整图层后，将混合模式设置为【颜色】，这样可以只改变图像的颜色，不会影响亮度。

【练习7-3】使用【渐变映射】命令调整图像。

（1）选择【文件】|【打开】命令，打开一幅图像，按Ctrl+J组合键复制【背景】图层。选择【图像】|【调整】|【渐变映射】命令，打开【渐变映射】对话框，如图7-11所示。

图7-11　打开图像及【渐变映射】对话框

（2）单击渐变预览，打开【渐变编辑器】对话框，在对话框中选择【预设】列表中的渐变样式，然后单击【确定】按钮，即可将该渐变样式添加到【渐变映射】对话框中，再单击【渐变映射】对话框中的【确定】按钮，即可将设置的渐变效果应用到图像中，如图7-12所示。

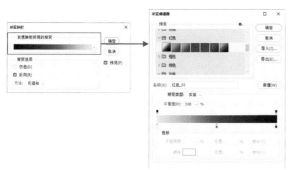 

图7-12　应用渐变映射

> **提示**　【渐变选项】选项区域中包含【仿色】和【反向】两个复选框。选中【仿色】复选框时，在映射时将添加随机杂色，使渐变填充的外观平滑并减少带宽效果；选中【反向】复选框时，则会将相等的图像灰度范围映射到渐变色的反向。

（3）在【图层】面板中，设置【图层1】图层的混合模式为【滤色】，如图7-13所示。

图7-13　设置图层的混合模式

## 7.4　常见的5种黑白照片制作技法

黑白照片具有独特的视觉效果。在Photoshop中，要将彩色照片转换为黑白照片，用户可以应用【去色】命令、降低饱和度、使用【黑白】命令、设置渐变映射等多种方法来完成。

### 7.4.1　使用【去色】命令

若原照片的颜色深浅差异较大，则可应用【去色】命令把照片设置为黑白效果。【去色】命令的主要作用是将彩色图像转换为灰度图像，并且在转换过程中图像的颜色模式不会发生改变。

【练习7-4】使用【去色】命令调整图像。

（1）选择【文件】|【打开】命令，打开一幅图像，按Ctrl+J组合键复制【背景】图层，如图7-14所示。

（2）选择【图像】|【调整】|【去色】命令，去除图像的颜色，如图7-15所示。

微课视频

图7-14　打开并复制图像

图7-15　应用【去色】命令

 提示　在选择图像后，按Ctrl+Shift+U组合键可以快速去除选定图层的颜色。

### 7.4.2　使用【黑白】命令

【黑白】命令可将彩色图像转换为灰度图像，同时保持对各颜色转换方式的完全控制。此外，该命令也可以为灰度图像着色，将彩色图像转换为单色图像。

选择【图像】|【调整】|【黑白】命令，打开图7-16所示的【黑白】对话框，Photoshop会基于图像中的颜色混合执行默认的灰度转换。

图7-16 【黑白】对话框

如果要对图像中某种颜色进行细致的调整，用户将鼠标指针定位在该颜色区域上方，单击并按住鼠标左键，当鼠标指针变为形状时，拖动即可使该区域变暗或变亮。同时，【黑白】对话框中的相应颜色滑块也会自动移动。

- **【预设】下拉列表**：在该下拉列表中可以选择一个预设的调整设置。用户如果要将当前的调整设置存储为预设，可以单击该选项右侧的【预设选项】按钮，在弹出的菜单中选择【存储预设】命令。
- **颜色滑块**：拖动各个颜色滑块可以调整图像中特定颜色的灰色调。
- **【色调】复选框**：如果要对灰度应用色调，用户可选中【色调】复选框，并调整【色相】和【饱和度】。【色相】滑块用于更改色调，【饱和度】滑块用于提高或降低颜色的集中度。单击颜色色板可以打开【拾色器】对话框调整色调。
- **【自动】按钮**：单击该按钮，可设置基于图像颜色值的灰度混合，并使灰度值的分布最大化。自动混合通常会产生极佳的效果，并可以作为使用颜色滑块调整灰度值的起点。

在【黑白】对话框中，按住Alt键单击某个颜色的色板，可将其值恢复到初始设置。另外，按住Alt键时，对话框中的【取消】按钮将变为【复位】按钮，单击该按钮可将所有颜色的值恢复到初始设置。

【练习7-5】使用【黑白】命令调整图像。

（1）选择【文件】|【打开】命令，打开一幅图像，按Ctrl+J组合键复制【背景】图层，如图7-17所示。

微课视频

图7-17 打开并复制图像

（2）选择【图像】|【调整】|【黑白】命令，打开【黑白】对话框。在对话框中，设置【红色】为-25%、【黄色】为128%、【洋红】为-85%，如图7-18所示。

图7-18　调整颜色滑块

（3）选中【色调】复选框，设置【色相】为217°、【饱和度】为25%，然后单击【确定】按钮，如图7-19所示。

图7-19　设置色调

## 7.4.3　使用【阈值】命令

【阈值】命令可将彩色或灰阶的图像变成高对比度的黑白图像。用户在【阈值】对话框中可通过拖动滑块来改变阈值，也可在【阈值色阶】数值框内直接输入数值。设定阈值后，所有高于此阈值的像素点变为白色，低于此阈值的像素点变为黑色。

【练习7-6】使用【阈值】命令调整图像。

（1）选择【文件】|【打开】命令，打开一幅图像，按Ctrl+J组合键复制【背景】图层，如图7-20所示。

（2）选择【图像】|【调整】|【阈值】命令，打开【阈值】对话框。在对话框中，设置【阈值色阶】为115，然后单击【确定】按钮，如图7-21所示。

微课视频

图7-20　打开并复制图像　　　　　　图7-21　应用【阈值】命令

## 7.4.4 使用通道

应用Lab模式中的明度通道将彩色图像转换为黑白图像是当前比较流行的色彩转换方法之一，是一种快速而简单的转换技术，能生成一种较明亮的黑白效果，适用于处理高调低对比度的图像。

【练习7-7】使用通道制作黑白图像。

（1）选择【文件】|【打开】命令，打开一幅图像，如图7-22所示。

（2）选择【图像】|【模式】|【Lab颜色】命令，在【通道】面板中单击【明度】通道，即可显示黑白图像，如图7-23所示。

微课视频

图7-22 打开图像文件　　　　　　　　　　图7-23 选中【明度】通道

（3）按Ctrl+A组合键全选【明度】通道中的图像，再按Ctrl+C组合键复制。返回【图层】面板，单击【创建新图层】按钮，新建【图层1】图层。按Ctrl+V组合键将复制的【明度】通道中的图像粘贴到新图层中，如图7-24所示。

（4）在【调整】面板中，单击【创建新的色阶调整图层】按钮，打开【属性】面板。在【属性】面板中，设置【输入色阶】为50、1.07、255，如图7-25所示。

图7-24 复制并粘贴图像　　　　　　　　　　图7-25 创建色阶调整图层

## 7.4.5 使用【计算】命令

使用【计算】命令计算通道可以制作黑白图像。【计算】命令有两种控制混合范围的方法：一种是选中【保留透明区域】复选框，将混合效果限定在图层的不透明区域；另一种是选中【蒙版】复选框，显示出扩展的选项，然后选择包含蒙版的图像和图层。【计算】对话框中的【通道】选项可以选择任何颜色通道或Alpha通道作为蒙版，也可以使用基于现有选区或选中图层（透明区域）边界的蒙版。选中【反相】复选框可反转通道的蒙版区域和未蒙版区域。

微课视频

【练习7-8】使用【计算】命令制作黑白图像。

（1）选择【文件】|【打开】命令，打开一幅图像，如图7-26所示。

（2）选择【图像】|【计算】命令，打开【计算】对话框，在对话框中的【源1】选项区域中，单击【通道】下拉列表，选择【蓝】选项；在【源2】选项区域中，单击【通道】下拉列表，选择【绿】选项；设置【混合】为【正片叠底】，然后单击【确定】按钮，如图7-27所示。

图7-26 打开图像

图7-27 应用【计算】命令

提示　　【计算】对话框中的【结果】下拉列表为用户提供了【新建文档】、【新建选区】、【新建通道】3种模式，用户可以根据需要选择不同的结果模式。选中【蒙版】复选框显示更多选项，用户可在打开的选项区域中设置图像、图层、通道等各项参数。

（3）在【通道】面板中，按Ctrl+A组合键全选【Alpha 1】通道中的图像，并按Ctrl+C组合键复制。再选中【RGB】通道，单击【图层】面板，按Ctrl+V组合键粘贴图像，生成【图层1】图层，如图7-28所示。

图7-28 复制并粘贴图像

# 7.5　反相

　　【反相】命令用于生成原图像的负片。当使用此命令后，白色就变成了黑色，也就是像素值由255变成了0，其他的像素点也取其对应值（255-原像素值=新像素值）。此命令在通道运算中经常被使用。选择【图像】|【调整】|【反相】命令，即可创建反相效果，如图7-29所示。

图7-29　应用【反相】命令

 图层蒙版以黑白关系控制图像的显示与隐藏，黑色为隐藏，白色为显示。用户如果想要快速对图层蒙版的黑白关系进行反转，可以在选中图层的蒙版后，选择【图像】|【调整】|【反相】命令，使原本隐藏的部分显示出来，原本显示的部分被隐藏。

## 7.6　色调分离

【色调分离】命令可以通过为图像设置色阶数量来减少图像的色彩数量，图像中多余的色彩会映射到最接近的匹配级别。打开一幅图像，选择【图像】|【调整】|【色调分离】命令，打开【色调分离】对话框，如图7-30所示。

图7-30　打开【色调分离】对话框

在【色调分离】对话框中，可直接输入数值来定义色调分离的级数。【色阶】数值越小，分离的色调越多；【色阶】数值越大，保留的图像细节越多，如图7-31所示。

图7-31　设置【色阶】

# 第**8**章 | 抠图技法

使用Photoshop进行数码照片处理时，离不开选区的操作。创建选区后，用户可对不同图像区域进行调整、抠取等操作，实现对特定图像区域的精确掌控，从而使数码照片处理效果更加完善。

## 8.1 规则选区的创建

Photoshop中的选区是指图像中选择的区域，它可以指定图像中进行处理的区域。选区显示时，表现为由浮动虚线组成的封闭区域。当图像中存在选区时，用户进行的操作将只影响选区内的图像，而对选区外的图像无任何影响。

Photoshop中的选区有两种类型：普通选区和羽化选区。普通选区的边缘较清晰，当在图像上进行绘制或使用滤镜时，用户可以很容易地看到处理效果的界线，如图8-1所示。相反，羽化选区的边缘会逐渐淡化，使处理效果能与图像无缝地连接到一起，而不会产生明显的界线，如图8-2所示。选区在Photoshop的图像处理过程中有着非常重要的作用。

图8-1　普通选区

图8-2　羽化选区

对图像中的规则形状（如矩形、圆形等对象），用户使用Photoshop提供的选框工具创建选区是最直接、最方便的选择。在【矩形选框】工具上按住鼠标左键，可以显示隐藏的各种选框工具，如图8-3所示。其中【矩形选框】工具与【椭圆选框】工具是最为常用的选框工具，用于选取较为规则的选区。【单行选框】工具与【单列选框】工具用来创建直线选区。

图8-3　选框工具组

 按住Alt键的同时使用【矩形选框】工具或【椭圆选框】工具进行拖动，将以鼠标单击的位置为中心创建选区；按住Shift键的同时进行拖动，可以创建等比选区；按住Shift+Alt组合键的同时进行拖动，将从中心创建等比选区。

在实际操作过程中，使用选框工具创建选区并不能完全满足要求，因此用户可通过选框工具选项栏中的选项对选框工具进行设置。各种选框工具选项栏的选项大致相同，下面以【矩形选框】工具为例，介绍通过图8-4所示的选项栏设置选框工具的方法。

图8-4 【矩形】工具选项栏

- 选区选项：可以设置选框工具的工作模式，包括【新选区】、【添加到选区】、【从选区减去】、【与选区交叉】4个选项。
- 【羽化】数值框：在该数值框中输入数值，可以设置选区的羽化程度。对被羽化的选区填充颜色或图案后，选区内外的颜色进行柔和过渡，数值越大，效果越明显，如图8-5所示。

图8-5 羽化选区

> **提示** 当设置的羽化值过大时，Photoshop会打开提示对话框，提醒用户羽化后的选区将不可见（选区仍然存在）。

- 【消除锯齿】复选框：图像由像素点构成，而像素点是正方形的，所以在编辑和修改圆形或弧形图形时，其边缘会出现锯齿效果；选中该复选框，可以消除选区锯齿，使选区边缘平滑。
- 【样式】下拉列表：在该下拉列表中可以选择创建选区时选区的样式，包括【正常】、【固定比例】、【固定大小】3个选项。【正常】为默认选项，用户可在图像中创建任意大小的选区；选择【固定比例】选项后，【宽度】及【高度】数值框被激活，在其中输入选区【宽度】和【高度】的比例可以创建固定比例的选区；选择【固定大小】选项后，【宽度】和【高度】数值框被激活，在其中输入选区宽度和高度的数值可以创建固定数值的选区，如图8-6所示。

图8-6 设置创建选区的样式

- 【选择并遮住】按钮：单击该按钮可以打开【选择并遮住】工作区，能够帮助用户创建精准的选区和蒙版。使用【调整边缘画笔】等工具可清晰地分离前景和背景元素，并进行更多操作。

【练习8-1】制作照片晕影暗角。

（1）选择【文件】|【打开】命令，打开一幅图像，如图8-7所示。

（2）选择【椭圆选框】工具，在选项栏中设置【羽化】为200像素，然后在图像中拖动创建选区，如图8-8所示。

微课视频

图8-7　打开图像

图8-8　创建选区

（3）按Ctrl+Shift+I组合键反选，在【图层】面板中单击【创建新的填充或调整图层】按钮，在弹出的菜单中选择【纯色】命令。在打开的【拾色器（纯色）】对话框中选择填充色后，单击【确定】按钮，如图8-9所示。

（4）在【图层】面板中，设置【颜色填充1】图层的混合模式为【正片叠底】、【不透明度】为65%，如图8-10所示。

图8-9　创建填充图层

图8-10　设置填充图层

# 8.2 不规则选区的创建

Photoshop还提供了多种不规则选区创建工具。

## 8.2.1 使用【套索】工具

用户创建不规则选区时可以使用工具面板中的套索工具，其中包括【套索】工具、【多边形套索】工具和【磁性套索】工具。

【套索】工具：以拖动的方式创建选区，即根据鼠标指针的移动轨迹创建选区，如图8-11所示。该工具适用于对选取精度要求不高的操作。

【多边形套索】工具：通过绘制多条线段并连接，最终闭合线段区域创建出选区，如图8-12所示。该工具适用于对选取精度有一定要求的操作。

图8-11　使用【套索】工具

图8-12　使用【多边形套索】工具

【磁性套索】工具：通过画面中颜色的对比自动识别对象的边缘，绘制出由连接点形成的线段，最终闭合线段区域创建出选区。该工具特别适用于创建与背景对比强烈且边缘复杂对象的选区。

【磁性套索】工具的选项栏在另外两种套索工具选项栏的基础上进行了一些拓展，除了基本的选区方式和羽化外，还可以对宽度、对比度和频率进行设置，如图8-13所示。当使用数位板时，还可以单击【使用绘图板压力以更改钢笔宽度】按钮。

图8-13　【磁性套索】工具选项栏

- 【宽度】数值框：该值决定了以鼠标指针中心为基准，其周围有多少个像素能够被工具检测到。如果对象的边缘清晰，此时可使用一个较大的宽度值；如果边缘不是特别清晰，则需要使用一个较小的宽度值。
- 【对比度】数值框：用来设置工具感应对象边缘的灵敏度。较高的数值检测高对比度的边缘，较低的数值则检测低对比度的边缘。
- 【频率】数值框：决定了使用【磁性套索】工具创建选区过程中创建的锚点数量。

【练习8-2】使用套索工具合成图像。

（1）选择【文件】|【打开】命令，打开一幅图像。选择【多边形套索】工具，在选项栏中设置【羽化】为1像素。设置完成后，在图像中单击创建起始点，然后创建选区，如图8-14所示。

（2）选择【文件】|【打开】命令，打开另一幅图像，按Ctrl+A组合键全选图像，并按Ctrl+C组合键复制，如图8-15所示。

微课视频

图8-14　创建选区

图8-15　打开并复制图像

（3）选中最开始打开的图像，选择【编辑】|【选择性粘贴】|【贴入】命令粘贴图像，如图8-16所示。

（4）按Ctrl+T组合键应用【自由变换】命令，调整粘贴图像的大小及位置，如图8-17所示。

 提示　在使用【多边形套索】工具创建选区时，按住Alt键单击并拖动，可以切换为【套索】工具，释放Alt键可恢复为【多边形套索】工具。

图8-16　粘贴图像　　　　　　　　　　图8-17　应用【自由变换】命令

## 8.2.2　使用快速蒙版

使用快速蒙版创建选区类似于使用快速选择工具的操作，即通过画笔绘制的方式来灵活创建选区。创建选区后，单击工具面板中的【以快速蒙版模式编辑】按钮，可以看到选区外转换为红色半透明的蒙版效果，如图8-18所示。

 提示　【以快速蒙版模式编辑】按钮位于工具面板的最下端，进入快速蒙版模式的快捷方式是直接按下Q键，完成蒙版的绘制后再次按下Q键即可切换回标准模式。

图8-18　创建快速蒙版

双击【以快速蒙版模式编辑】按钮，打开图8-19所示的【快速蒙版选项】对话框。在对话框中的【色彩指示】选项区域中，选中【被蒙版区域】单选按钮时，所选区域显示为原图像，未选择的区域会覆盖蒙版颜色；选中【所选区域】单选按钮时，所选区域会覆盖蒙版颜色。【颜色】选项区域用于定义蒙版的颜色和不透明度。

图8-19　【快速蒙版选项】对话框

**【练习8-3】**使用快速蒙版调整图像。

（1）选择【文件】|【打开】命令，打开一幅图像，按Ctrl+J组合键复制【背景】图层，如图8-20所示。

微课视频

（2）双击工具面板中的【以快速蒙版模式编辑】按钮，打开【快速蒙版选项】对话框。在对话框中，选中【所选区域】单选按钮，然后单击【确定】按钮，如图8-21所示。

图8-20　打开并复制图像

图8-21　设置快速蒙版

（3）在工具面板中选择【画笔】工具，在选项栏中设置画笔大小及硬度，如图8-22所示。

（4）使用【画笔】工具，在图像中涂抹苹果对象，创建快速蒙版，如图8-23所示。

图8-22　设置【画笔】工具

图8-23　创建快速蒙版

（5）在工具面板中，单击【以标准模式编辑】按钮，创建选区。在【图层】面板中，单击【创建新的填充或调整图层】按钮，在弹出的菜单中选择【纯色】命令。在打开的【拾色器（纯色）】对话框中，设置颜色为R:204、G:0、B:0，如图8-24所示。

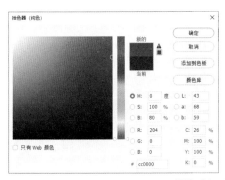

图8-24　创建填充图层

（6）在【图层】面板中，设置【颜色填充1】图层的混合模式为【叠加】、【不透明度】为80%，如图8-25所示。

（7）在【图层】面板中，选中【颜色填充1】图层蒙版。在【画笔】工具的选项栏中，设置画笔样式为柔边圆、【不透明度】为20%。然后使用【画笔】工具在图像中调整填充颜色的效果，如图8-26所示。

图8-25　设置混合模式

图8-26　调整填充效果

## 8.3　根据颜色选取图像

在Photoshop中，用户除了可以根据对象的形状创建选区外，还可以通过对象的颜色差异创建选区。

### 8.3.1　使用【魔棒】工具

【魔棒】工具是根据图像的饱和度、色调或亮度等信息来创建选区的。用户可以通过在该工具选项栏中调整容差值来控制选区的精确度。另外，该工具选项栏还提供了其他一些选项，方便用户灵活地创建自定义选区，如图8-27所示。

图8-27　【魔棒】工具选项栏

- 【取样大小】下拉列表：用于设置取样点的像素范围。
- 【容差】数值框：用于设置颜色选择范围的容差值，容差值越大，所选择的颜色范围也就越大。
- 【消除锯齿】复选框：用于设置是否创建边缘较平滑的选区。
- 【连续】复选框：用于设置是否在创建选区时，对整个图像中所有符合该颜色范围的颜色进行选择。
- 【对所有图层取样】复选框：用于设置是否对所有图层中的图像进行取样操作。

【练习8-4】使用【魔棒】工具调整图像。

（1）选择【文件】|【打开】命令，打开一幅图像，如图8-28所示。

（2）选择【魔棒】工具，在选项栏中单击【添加到选区】按钮，设置【容差】为25，然后使用【魔棒】工具在背景处单击创建选区，如图8-29所示。

微课视频

图8-28 打开图像　　　　　　　　　　　　图8-29 创建选区

（3）选择【选择】|【修改】|【扩展】命令，打开【扩展选区】对话框。在对话框中，设置【扩展量】为1像素，然后单击【确定】按钮，如图8-30所示。

（4）在【图层】面板中，单击【创建新的填充或调整图层】按钮，在弹出的菜单中选择【纯色】命令，打开【拾色器（纯色）】对话框，在对话框中设置颜色为R:255、G:215、B:70，然后单击【确定】按钮，如图8-31所示。

图8-30 扩展选区　　　　　　　　　　图8-31 创建填充图层

（5）在【图层】面板中，设置【颜色填充1】图层的混合模式为【线性加深】，如图8-32所示。

图8-32 设置图层的混合模式

提示　　使用【魔棒】工具时，按住Shift键单击可添加选区，按住Alt键单击可在当前选区中减去选区，按住Shift+Alt组合键单击可得到与当前选区相交的选区。

## 8.3.2 使用【色彩范围】命令

在Photoshop中，用户可以根据图像的颜色变化关系使用【色彩范围】命令来创建选区。该命令适用于颜色对比度高的图像。用户可以使用【色彩范围】命令选定一个标准色彩或使用吸管工具吸取一种颜色，然后图像中所有在容差设定允许范围内的色彩区域都将成为选区。

其操作原理和【魔棒】工具的操作原理基本相同，不同的是，【色彩范围】命令能更清晰地显示选区的内容，并且可以按照通道创建选区。选择【选择】|【色彩范围】命令，打开【色彩范围】对话框，在对话框的【选择】下拉列表可以选择图像中的红、黄、绿等颜色范围，也可以根据图像颜色的亮度特性选择图像中的高光区域、中间调区域或阴影区域，如图8-33所示。这里选择该下拉列表中的【取样颜色】选项，用户可以直接在对话框的预览区域中单击选择所需颜色，也可以在图像中单击进行选择。

图8-33 【选择】选项

- 选中【检测人脸】复选框，可更加准确地选择人像或人物肤色。
- 选中【本地化颜色簇】复选框后，拖动【范围】滑块可以控制要包含在蒙版中的颜色与取样点的最大和最小距离。
- 拖动【颜色容差】滑块或在其数值框中输入数值，可以调整颜色容差，如图8-34所示。
- 选中【选择范围】或【图像】单选按钮，可以在预览区域预览选择的颜色范围，或者预览整个图像以进行选择，如图8-35所示。

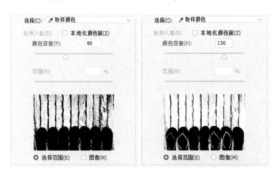

图8-34 设置【颜色容差】          图8-35 预览区域选项

- 选择【选区预览】下拉列表中的相关预览方式，可以预览操作时图像的选区效果，如图8-36所示。选择【无】选项时，表示不显示选区；选择【灰度】选项时，可以按照选区在灰度通道中的外观来显示选区；选择【黑色杂边】选项时，可以在未选择的区域上覆盖一层黑色；选择【白色杂边】选项时，可以在未选择的区域上覆盖一层白色；选择【快速蒙版】选项时，可以显示选区在快速蒙版状态下的效果。

| （a）无 | （b）灰度 | （c）黑色杂边 | （d）白色杂边 | （e）快速蒙版 |

图8-36 【选区预览】选项

- 【吸管】工具/【添加到取样】工具/【从取样减去】工具用于创建选区后，修改选区范围。
- 【反相】复选框用于反转取样颜色范围的选区。它提供了一种在单一背景上选择多个颜色对象的方法，即用【吸管】工具选择背景，然后选中该复选框反转选区。

【练习8-5】使用【色彩范围】命令调整图像。

（1）选择【文件】|【打开】命令，打开一幅图像，按Ctrl+J组合键复制【背景】图层，如图8-37所示。

（2）选择【选择】|【色彩范围】命令，设置【颜色容差】为60，然后使用【吸管】工具在图像中单击，如图8-38所示。

微课视频

图8-37 打开并复制图像

图8-38 选取色彩范围

 注意 在对话框中，单击【载入】按钮，可以通过【载入】对话框载入存储的AXT格式的色彩范围文件。单击【存储】按钮，可以通过【存储】对话框存储AXT格式的色彩范围文件。

（3）在【色彩范围】对话框中，单击【添加到取样】按钮，继续在图像中单击以添加选区，如图8-39所示。

图8-39 添加选区

（4）设置完成后，单击【确定】按钮关闭【色彩范围】对话框，在图像中创建选区，如图8-40所示。

（5）在【调整】面板中，单击【创建新的色相/饱和度调整图层】按钮，在打开的【属性】面板中，选中【着色】复选框，设置【色相】为123、【饱和度】为48，如图8-41所示。

图8-40　创建选区

图8-41　创建色相/饱和度调整图层

### 8.3.3　使用【快速选择】工具

　　【快速选择】工具结合了【魔棒】工具和【画笔】工具的特点，以画笔绘制的方式在图像中拖动创建选区，并自动调整所绘制的选区大小。结合Photoshop的调整边缘功能可以创建更加准确的选区。

　　【快速选择】工具可以对主体与背景相差较大的图像快速创建选区，并且在扩大颜色范围、连续选取时，其操作自由度相当高。用户要创建准确的选区，首先需要在图8-42所示的选项栏中进行设置，特别是画笔预设选取器的各个选项。

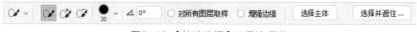

图8-42　【快速选择】工具选项栏

- 选区按钮：包括【新选区】、【添加到选区】和【从选区减去】3个按钮，创建选区后会自动切换到【添加到选区】的状态。
- 【画笔】按钮：单击画笔缩览图或其右侧的下拉按钮打开画笔选项面板，在其中可以设置直径、硬度、间距、角度、圆度或大小等参数。
- 【增强边缘】复选框：选中该复选框，将减少边界的粗糙度和块效应。

　　【练习8-6】使用【快速选择】工具调整图像。

　　（1）选择【文件】|【打开】命令，打开一幅图像。按Ctrl+J组合键复制【背景】图层，如图8-43所示。

　　（2）选择【快速选择】工具，在选项栏中单击【添加到选区】按钮，并设置画笔大小、样式，如图8-44所示。

图8-43　打开并复制图像

图8-44　设置【快速选择】工具

　　（3）使用【快速选择】工具，结合选项栏中的【从选区减去】按钮，在图像的背景区域中拖动创建选区，如图8-45所示。

（4）在【调整】面板中，单击【创建新的色彩平衡调整图层】按钮。在展开的【属性】面板中，设置中间调色阶为+43、-55、-77，如图8-46所示。

图8-45　创建选区　　　　　　　　　　　图8-46　创建色彩平衡调整图层

（5）在【属性】面板中的【色调】下拉列表中选择【阴影】选项，并设置阴影色阶为-7、+26、+30，如图8-47所示。

图8-47　调整阴影色阶

提示　　　在创建选区时，如果需要调节画笔大小，按键盘上的右方括号键]可以增大【快速选择】工具的画笔，按左方括号键[可以减小【快速选择】工具的画笔。

# 8.4 擦除并抠取图像

Photoshop提供了【橡皮擦】、【背景橡皮擦】、【魔术橡皮擦】3种擦除工具。用户可以根据特定的需要使用这些工具，进行图像的擦除处理。

## 8.4.1 使用【橡皮擦】工具

使用【橡皮擦】工具在图像中涂抹可擦除图像，如图8-48所示。

选择【橡皮擦】工具后，其选项栏（见图8-49）中常用选项的作用如下。

- 【画笔】按钮：可以设置该工具使用的画笔样式和大小。
- 【模式】下拉列表：可以设置不同的擦除模式。其中，选择【画笔】和【铅笔】选项时，其使用方法与【画笔】工具和【铅笔】工具相似；选择【块】选项时，在图像中进行擦除的大小固定不变。

图8-48　使用【橡皮擦】工具

图8-49　【橡皮擦】工具选项栏

- 【不透明度】下拉列表：可以设置擦除时的不透明度。设置为100%时，被擦除的区域将变成透明的；设置为1%时，不透明度将无效，将不能擦除任何图像。
- 【流量】下拉列表：用来控制工具的涂抹速度。
- 【抹到历史记录】复选框：选中该复选框后，可以将指定的图像区域恢复至快照或某一操作步骤下的状态。

提示　　如果在【背景】图层或锁定了透明区域的图层中使用【橡皮擦】工具，被擦除的部分会显示为背景色；在其他图层上使用时，被擦除的区域会成为透明区域。

## 8.4.2　使用【背景橡皮擦】工具

【背景橡皮擦】工具是一种智能橡皮擦。它具有自动识别对象边缘的功能，可采集画笔中心的颜色，并在图像中将其删除，使擦除区域成为透明区域，如图8-50所示。

图8-50　使用【背景橡皮擦】工具

选择【背景橡皮擦】工具后，其工具选项栏（见图8-51）中常用选项的作用如下。

图8-51　【背景橡皮擦】工具选项栏

- **【画笔】按钮**：单击其右侧的按钮，弹出下拉面板，其中【大小】用于设置擦除时画笔的大小，【硬度】用于设置擦除时边缘硬化的程度。
- **取样按钮**：用于设置颜色取样的模式，如图8-52所示。◢按钮表示只对单击时鼠标指针下的图像颜色取样；◢按钮表示擦除图层中彼此相连但颜色不同的部分；◢按钮表示将背景色作为取样颜色。

（a）取样：连续　　　　　　　　（b）取样：一次　　　　　　　　（c）取样：背景色板

图8-52　设置【取样】

- **【限制】下拉列表**：单击其右侧的按钮，在弹出的下拉列表中可以选择擦除的颜色范围。其中，【连续】选项表示可擦除图像中具有取样颜色的像素，但要求该部分与鼠标指针相连；【不连续】选项表示可擦除图像中具有取样颜色的像素；【查找边缘】选项表示在擦除与鼠标指针相连区域的同时，保留图像中对象锐利的边缘。
- **【容差】下拉列表**：用于设置被擦除的图像颜色与取样颜色之间的差异大小。
- **【保护前景色】复选框**：选中该复选框，可以防止具有前景色的图像区域被擦除。

**【练习8-7】** 使用【背景橡皮擦】工具抠取图像，并替换图像背景。

（1）选择【文件】│【打开】命令，打开一幅图像，按Ctrl+J组合键复制【背景】图层，如图8-53所示。

（2）在【图层】面板中，关闭【背景】图层视图。选择【背景橡皮擦】工具，在选项栏中单击【画笔】按钮，在弹出的下拉面板中设置【大小】为150像素、【硬度】为100%、【间距】为1%；在【限制】下拉列表中选择【查找边缘】选项，设置【容差】为20%，如图8-54所示。

图8-53　打开并复制图像

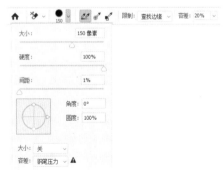

图8-54　设置【背景橡皮擦】工具

（3）使用【背景橡皮擦】工具在图像的背景区域中单击并拖动以去除背景，如图8-55所示。

（4）在【图层】面板中，选中【背景】图层。选择【文件】│【置入嵌入对象】命令，打开【置入嵌入的对象】对话框，在对话框中选中要入的图像，然后单击【置入】按钮，如图8-56所示。

（5）调整置入的图像至合适的位置，然后按Enter键确认置入，如图8-57所示。

（6）在【图层】面板中，选中【图层1】，按Ctrl+T组合键应用【自由变换】命令调整图像大小，如图8-58所示。

图8-55　去除背景

图8-56　选择置入的图像

图8-57　调整置入的图像

图8-58　调整图层1的图像

### 8.4.3　使用【魔术橡皮擦】工具

　　【魔术橡皮擦】工具具有自动分析图像边缘的功能，用于擦除图像中具有相似颜色范围的区域，被擦除区域成为透明区域，如图8-59所示。

图8-59　使用【魔术橡皮擦】工具

　　选择【魔术橡皮擦】工具后，其选项栏（见图8-60）与【魔棒】工具的选项栏相似，各选项的作用如下。

图8-60　【魔术橡皮擦】工具选项栏

- **【容差】数值框**：可以设置被擦除颜色的范围。输入的数值越大，可擦除的颜色范围越大；输入的数值越小，被擦除的颜色与单击处的颜色越接近。
- **【消除锯齿】复选框**：选中该复选框，可使被擦除区域的边缘变得平滑。
- **【连续】复选框**：选中该复选框，可以使【魔术橡皮擦】工具仅擦除与单击处相连的区域。
- **【对所有图层取样】复选框**：选中该复选框，可以使工具的应用范围扩展到图像中所有可见图层。
- **【不透明度】下拉列表**：可以设置擦除图像颜色的程度。设置为100%时，被擦除的区域将变成透明色；设置为1%时，不透明度将无效，将不能擦除任何区域。

# 8.5 精细抠图技法

在图像处理过程中，对于复杂的对象，用户可以使用【钢笔】工具或是通道来创建精细、准确的选区。

## 8.5.1 路径抠图法

【钢笔】工具是矢量工具，它可以绘制光滑的曲线路径。如果对象边缘光滑且不规则，用户便可以使用【钢笔】工具绘制对象的轮廓，再将轮廓路径转换为选区，从而选中对象。打开图像，使用【钢笔】工具沿图像中的对象边缘创建路径。在选项栏中单击【选区】按钮，打开【建立选区】对话框，在对话框中可设置选区，然后单击【确定】按钮即可选取对象。

【练习8-8】使用【钢笔】工具调整图像。

（1）选择【文件】|【打开】命令，打开一幅图像，如图8-61所示。

（2）选择【钢笔】工具，在选项栏中设置绘图模式为【路径】。在图像上单击，绘制出第一个锚点。在路径结束的位置再次单击，并按住鼠标左键拖动出方向线以调整路径的弧度，如图8-62所示。

微课视频

图8-61 打开图像

图8-62 绘制路径

（3）依次在图像上单击绘制锚点，当鼠标指针回到初始锚点时，鼠标指针右下角会出现一个小圆圈，这时单击即可闭合路径，如图8-63所示。

提示　　使用【钢笔】工具绘制直线比较容易，在操作时单击，不要拖动即可。如果要绘制水平、垂直或以45°角为增量的直线，用户可以按住Shift键操作。

图8-63　绘制路径

（4）在选项栏中单击【选区】按钮，在打开的【建立选区】对话框中设置【羽化半径】为2像素，然后单击【确定】按钮，如图8-64所示。

（5）选择【选择】|【反向】命令反选，在【调整】面板中单击【创建新的色彩平衡调整图层】按钮。在打开的【属性】面板中，设置中间调为+100、+100、-100，如图8-65所示。

图8-64　建立选区

图8-65　创建色彩平衡调整图层

提示　　　在绘制过程中，要移动或调整锚点，用户可以按住Ctrl键切换为【直接选择】工具，按住Alt键则切换为【转换点】工具。

## 8.5.2　通道抠图法

通道抠图主要是利用图像的色相差别或明度差别来创建选区，用户在操作过程中可以使用【亮度/对比度】、【曲线】、【色阶】等调整命令，以及【画笔】、【加深】、【减淡】等工具对通道进行调整，以得到最精确的选区。通道抠图法常用于抠取毛发等细节丰富的对象或半透明的、边缘模糊的对象。

【练习8-9】利用通道创建选区。

（1）打开一幅图像，按Ctrl+J组合键复制【背景】图层，如图8-66所示。

（2）在【通道】面板中，将【蓝】通道拖动至【创建新通道】按钮上释放，创建【蓝 拷贝】通道，如图8-67所示。

（3）选择【图像】|【调整】|【色阶】命令，打开【色阶】对话框。在对话框中，设置【输入色阶】为80、1.78、207，然后单击【确定】按钮，如图8-68所示。

微课视频

图8-66 打开图像

图8-67 复制【蓝】通道

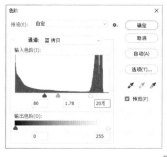

图8-68 调整色阶

（4）选择【画笔】工具，在工具面板中将前景色设置为黑色，在选项栏中设置画笔大小及硬度。使用【画笔】工具在图像中需要抠取的部分进行涂抹，如图8-69所示。

（5）按住Ctrl键，单击【蓝 拷贝】通道缩览图，载入选区，按Ctrl+Shift+I组合键反选，然后选中【RGB】通道，如图8-70所示。

图8-69 使用【画笔】工具

图8-70 建立选区

（6）按Ctrl+C组合键复制选区内图像，然后选择【文件】|【打开】命令，打开另一幅图像，并按Ctrl+V组合键粘贴，如图8-71所示。

（7）使用【移动】工具调整图像中金鱼的位置，然后在【图层】面板中，按住Ctrl键单击【layer 2】图层缩览图载入选区，如图8-72所示。

图8-71 粘贴图像

图8-72 载入选区

提示　选择【选择】|【载入选区】命令，也可以载入选区。

（8）按Ctrl+Shift+I组合键反选，在【图层】面板底部单击【添加图层蒙版】按钮，如图8-73所示。

（9）选择【画笔】工具，在选项栏中设置画笔样式为柔边圆、【不透明度】为30%，将前景色设置为白色，然后调整图层蒙版，如图8-74所示。

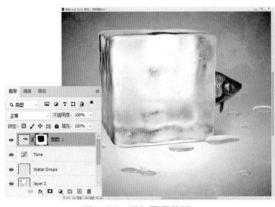

图8-73　添加图层蒙版

图8-74　调整图层蒙版

# 第 9 章 | 艺术特效添加

用户使用Photoshop可以为数码照片添加艺术特效，配合使用各种滤镜、调整命令，可以让数码照片的效果更加丰富多彩。

## 9.1 通过【滤镜】菜单应用滤镜

Photoshop中的滤镜是一种插件模块，它通过改变图像像素的位置或颜色来生成各种特殊的效果。Photoshop的【滤镜】菜单中提供了100多种滤镜，大致可以分为3种类型。第一种是修改类滤镜，它们可以修改图像中的像素，如【扭曲】、【纹理】、【素描】等滤镜组中的滤镜，这类滤镜的数量最多；第二种是复合类滤镜，它们有自己的工具和独特的操作方法，更像是一个独立的软件，如【液化】和【消失点】滤镜等；第三种是创造类滤镜，只有【云彩】滤镜，是唯一不需要借助任何像素便可以产生效果的滤镜。

### 9.1.1 了解【滤镜库】命令

Photoshop中的【滤镜库】整合了多个常用滤镜组。用户利用【滤镜库】可以应用多个滤镜或多次应用单个滤镜，还可以重新排列滤镜或更改已应用滤镜的设置。选择【滤镜】|【滤镜库】命令，打开【滤镜库】对话框，其中提供了【风格化】、【画笔描边】、【扭曲】、【素描】、【纹理】、【艺术效果】6组滤镜。

【滤镜库】对话框的左侧是预览区域，其可以使用户更加方便地设置滤镜效果。在预览区域下方，单击⊟按钮或⊞按钮可以调整图像的显示比例。单击预览区域下方的【缩放比例】按钮，可以在弹出的列表中选择Photoshop预设的各种显示比例，如图9-1所示。

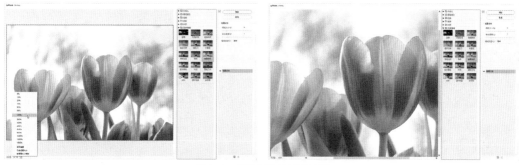

图9-1　调整图像的显示比例

【滤镜库】对话框的中间是滤镜命令选择区域，单击该区域中显示的滤镜命令缩览图即可选择该命令，并且在对话框的右侧显示当前选择滤镜的选项。用户还可以从右侧的下拉列表中选择其他滤镜命令。

用户要想隐藏滤镜命令选择区域而使预览区域更大，单击对话框中的【显示/隐藏滤镜命令选择区域】按钮即可，如图9-2所示。

在【滤镜库】对话框中，用户还可以使用滤镜叠加功能，即在同一幅图像上同时应用多个滤镜。对图像应用一个滤镜后，只需单击滤镜效果列表区域下方的【新建效果图层】按钮，即可在滤镜效果列表中添加一个效果图层，然后选择需要增加的滤镜命令并设置其参数选项，如图9-3所示，就可以对图像叠加一个滤镜。

图9-2　隐藏滤镜命令选择区域

图9-3　应用多个滤镜

在对话框中为图像设置多个效果图层后，如果不再需要某些效果图层，用户可以选中该效果图层后单击【删除效果图层】按钮将其删除，如图9-4所示。

图9-4　删除效果图层

如果图像的颜色模式是位图模式或索引模式，则不能使用滤镜进行图像效果的处理。另外，不同颜色模式的图像能够使用滤镜的数量和种类有所不同，例如CMYK模式和Lab模式的图像，不能使用【画笔描边】、【素描】等滤镜组中的滤镜。

## 9.1.2 【艺术效果】滤镜组

【艺术效果】滤镜组中的滤镜可以使图像具有传统介质上的绘画效果，使图像产生不同风格的艺术效果。

1.【壁画】滤镜

【壁画】滤镜使用短而圆的、粗犷涂抹的小块颜料，使图像产生壁画般的效果，如图9-5所示。

2.【彩色铅笔】滤镜

【彩色铅笔】滤镜的效果展现为使用彩色铅笔在纯色背景上绘制图像，并保留重要边缘，具有粗糙的阴影线，纯色背景会透过比较平滑的区域显示出来，如图9-6所示。

图9-5　应用【壁画】滤镜

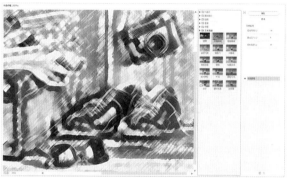

图9-6　应用【彩色铅笔】滤镜

- 【铅笔宽度】滑块：用来设置铅笔线条的宽度，该值越高，铅笔线条越粗。
- 【描边压力】滑块：用来设置铅笔的压力效果，该值越高，铅笔线条越粗犷。
- 【纸张亮度】滑块：用来设置纸的明暗程度，该值越高，纸的颜色越接近背景色。

3.【粗糙蜡笔】滤镜

【粗糙蜡笔】滤镜可以使图像产生蜡笔在纹理背景上绘制的效果，如图9-7所示。

图9-7　应用【粗糙蜡笔】滤镜

4.【底纹效果】滤镜

【底纹效果】滤镜可以使背景产生相应的纹理效果，如图9-8所示。它的【纹理】等选项与【粗糙蜡笔】滤镜相应选项的作用相同，即根据所选的纹理类型使图像产生相应的底纹效果。

- 【画笔大小】滑块：用来设置画笔线条的大小。
- 【纹理覆盖】滑块：用来设置纹理的细节程度。
- 【纹理】下拉列表：在该下拉列表中可以选择一种纹理样式，也可以单击右侧的▼≡按钮，
  载入一个PSD格式的文件作为纹理。

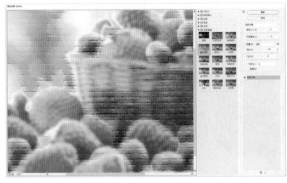

图9-8　应用【底纹效果】滤镜

- 【缩放】滑块/【凸现】滑块：用来设置纹理的大小和凸显程度。
- 【光照】下拉列表/【反相】复选框：在【光照】下拉列表中选择光照方向；选中【反相】复选框，可以反转光照方向。

5.【干画笔】滤镜

【干画笔】滤镜可以模拟干画笔效果来绘制图像，通过减少图像的颜色来简化图像，使图像产生一种不饱和、不湿润的油画效果，如图9-9所示。

图9-9　应用【干画笔】滤镜

6.【海报边缘】滤镜

【海报边缘】滤镜可以按照设置的选项自动跟踪图像中颜色变化剧烈的区域，在边缘添加黑色的阴影，让大而宽的区域有简单的阴影，而细小的深色细节遍布图像，使图像产生海报效果，如图9-10所示。

图9-10　应用【海报边缘】滤镜

- 【边缘厚度】滑块：用于调节边缘的宽度，该值越高，边缘越宽。
- 【边缘强度】滑块：用于调节边缘的明暗程度，该值越高，边缘越黑。
- 【海报化】滑块：用于调节颜色在图像上的渲染效果，该值越高，海报效果越明显。

## 7.【海绵】滤镜

【海绵】滤镜用颜色对比强烈、纹理较重的区域创建图像，可以使图像产生类似海绵浸湿的效果，如图9-11所示。

图9-11　应用【海绵】滤镜

- 【画笔大小】滑块：用来设置模拟海绵画笔的大小。
- 【清晰度】滑块：用来调整海绵气孔印记的清晰程度，该值越高，气孔的印记越清晰。
- 【平滑度】滑块：用来模拟海绵画笔的压力，该值越高，图像的浸湿感越强，图像越柔和。

## 8.【绘画涂抹】滤镜

【绘画涂抹】滤镜可以使用简单、未处理光照、宽锐化、宽模糊和火化等不同类型的画笔创建绘画效果，模拟手指在湿画上涂抹的模糊效果，如图9-12所示。

图9-12　应用【绘画涂抹】滤镜

## 9.【胶片颗粒】滤镜

【胶片颗粒】滤镜能够在图像上添加杂色的同时，调亮并强调图像的局部像素，使图像产生一种类似胶片颗粒的纹理效果，如图9-13所示。

图9-13　应用【胶片颗粒】滤镜

- 【颗粒】滑块：用来设置生成的颗粒的密度。
- 【高光区域】滑块：用来设置图像中高光的范围。

- 【强度】滑块：用来设置颗粒效果的强度。该值较低时，会在整个图像上显示颗粒；该值较高时，只在阴影区域显示颗粒。

### 10.【木刻】滤镜

　　【木刻】滤镜利用版画和雕刻原理，将图像处理成由粗糙剪切彩纸组成的高对比度图像，产生剪纸、木刻的艺术效果，如图9-14所示。

图9-14　应用【木刻】滤镜

- 【色阶数】滑块：用于设置图像中色彩的层次，该值越高，图像的色彩层次越丰富。
- 【边缘简化度】滑块：用于设置图像边缘的简化程度。
- 【边缘逼真度】滑块：用于设置产生痕迹的精确度，该值越低，图像痕迹越明显。

### 11.【水彩】滤镜

　　【水彩】滤镜能够简化颜色，进而使图像产生水彩画的效果，如图9-15所示。

- 【画笔细节】滑块：用于设置画笔的精确程度，该值越高，图像越精细。
- 【阴影强度】滑块：用于设置暗调区域的范围，该值越高，暗调范围越大。
- 【纹理】滑块：用于设置图像边缘的纹理效果，该值越高，纹理效果越明显。

图9-15　应用【水彩】滤镜

### 12.【调色刀】滤镜

　　【调色刀】滤镜可以减少图像的细节，并显示出相应的纹理效果，如图9-16所示。

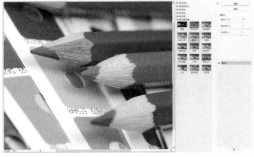

图9-16　应用【调色刀】滤镜

### 13.【涂抹棒】滤镜

【涂抹棒】滤镜可以使图像产生一种涂抹、晕开的效果。它使用较短的对角线来涂抹图像中较暗的区域，使较亮的区域变得更明亮并丢失细节，如图9-17所示。

图9-17　应用【涂抹棒】滤镜

【练习9-1】制作油画效果。

（1）选择【文件】|【打开】命令，打开一幅图像，按Ctrl+J组合键复制【背景】图层，如图9-18所示。

（2）选择【滤镜】|【滤镜库】命令，打开【滤镜库】对话框。在对话框中，选中【画笔描边】滤镜组中的【喷溅】滤镜，设置【喷色半径】为7、【平滑度】为5，如图9-19所示。

微课视频

图9-18　打开并复制图像　　　　　　　图9-19　应用【喷溅】滤镜

（3）在【滤镜库】对话框中，单击【新建效果图层】按钮，选择【艺术效果】滤镜组中的【绘画涂抹】滤镜，设置【画笔大小】为3、【锐化程度】为1，在【画笔类型】下拉列表中选择【简单】选项，如图9-20所示。

图9-20　应用【绘画涂抹】滤镜

提示

当执行完一个滤镜命令后，【滤镜】菜单的顶部会出现刚使用过的滤镜名称，用户选择该命令（或按Ctrl+F组合键）可以以相同的参数再次应用该滤镜。如果按Ctrl+Alt+F组合键，则会重新打开上一次执行滤镜命令的对话框。

（4）在【滤镜库】对话框中，单击【新建效果图层】按钮，选择【纹理】滤镜组中的【纹理化】滤镜，在【纹理】下拉列表中选择【画布】选项，设置【缩放】为90%、【凸现】为8，如图9-21所示。

（5）设置完成后，单击【确定】按钮关闭【滤镜库】对话框，如图9-22所示。

图9-21　应用【纹理化】滤镜

图9-22　应用滤镜效果

## 9.1.3 【画笔描边】滤镜组

【画笔描边】滤镜组中的滤镜可以模拟出不同画笔或油墨笔刷勾画的效果，使图像产生各种绘画效果。

### 1.【成角的线条】滤镜

【成角的线条】滤镜模拟画笔以成直角的线条绘制图像，暗部区域和亮部区域的线条分别朝向不同的方向，如图9-23所示。

图9-23　应用【成角的线条】

- **【方向平衡】滑块**：用于设置笔触的倾斜方向。
- **【描边长度】滑块**：用于控制所绘线条的长度，该值越高，线条越长。
- **【锐化程度】滑块**：用于控制笔锋的尖锐程度，该值越低，线条越平滑。

### 2.【墨水轮廓】滤镜

【墨水轮廓】滤镜根据图像的颜色边界描绘其黑色轮廓，以钢笔画的风格，用精细的线条根据细节重绘图像，并强调图像的轮廓，如图9-24所示。

图9-24　应用【墨水轮廓】滤镜

- 【描边长度】滑块：用于设置图像中生成的线条的长度。
- 【深色强度】滑块：用于设置线条阴影的明暗程度，该值越高，线条越暗。
- 【光照强度】滑块：用于设置线条高光的明暗程度，该值越高，线条越亮。

3. 【喷溅】滤镜

【喷溅】滤镜可以使图像产生笔墨喷溅的艺术效果，如图9-25所示。

图9-25　应用【喷溅】滤镜

4. 【喷色描边】滤镜

【喷色描边】滤镜和【喷溅】滤镜效果相似，可以模拟用某个方向的笔触或喷溅的颜色绘制的效果。在【描边方向】下拉列表中可以选择笔触的方向，如图9-26所示。

图9-26　应用【喷色描边】滤镜

5. 【强化的边缘】滤镜

【强化的边缘】滤镜可以对图像的边缘进行强化处理。设置高的【边缘亮度】值时，强化效果类似于白色粉笔；设置低的【边缘亮度】值时，强化效果类似于黑色油墨，如图9-27所示。

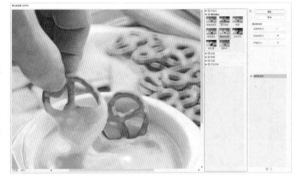

图9-27 应用【强化的边缘】滤镜

- 【边缘宽度】滑块/【边缘亮度】滑块：用来设置需要强化的边缘的宽度和亮度。
- 【平滑度】滑块：用来设置边缘的平滑程度，该值越高，画面越柔和。

### 6.【深色线条】滤镜

【深色线条】滤镜通过使用短而紧密的深色线条绘制图像中的暗部区域，用长的白色线条绘制图像中的亮部区域，从而使图像产生一种强烈的反差效果，如图9-28所示。

图9-28 应用【深色线条】滤镜

### 7.【烟灰墨】滤镜

【烟灰墨】滤镜和【深色线条】滤镜效果较为相似，该滤镜可以通过计算图像中像素值的分布，对图像进行概括性的描述，进而生动地表现出木炭或墨水的模糊效果，如图9-29所示。

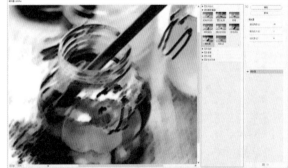

图9-29 应用【烟灰墨】滤镜

### 8.【阴影线】滤镜

【阴影线】滤镜可以保留原始图像的细节和特征，同时使用模拟的铅笔阴影线添加纹理，并使彩色区域的边缘变得粗糙，如图9-30所示。

图9-30 应用【阴影线】滤镜

【练习9-2】制作水墨画效果。

（1）选择【文件】|【打开】命令，打开一幅图像，按Ctrl+J组合键复制【背景】图层，如图9-31所示。

微课视频

（2）选择【图像】|【调整】|【黑白】命令，打开【黑白】对话框。在对话框中，设置【绿色】为264%、【蓝色】为-130%，然后单击【确定】按钮，如图9-32所示。

图9-31 打开并复制图像　　　　　　　　　　　图9-32 应用【黑白】命令

（3）选择【选择】|【色彩范围】命令，打开【色彩范围】对话框。在对话框中，设置【颜色容差】为60，再使用吸管工具在背景区域单击，然后单击【确定】按钮关闭对话框，创建选区，如图9-33所示。

（4）选择【图像】|【调整】|【反相】命令，如图9-34所示，然后按Ctrl+D组合键取消选区。

图9-33 创建选区　　　　　　　　　　　图9-34 反相图像

（5）按Ctrl+J组合键两次将当前图层复制两层，并设置最上面图层的混合模式为【颜色减淡】，如图9-35所示。

（6）按Ctrl+I组合键得到反相图像，选择【滤镜】|【其他】|【最小值】命令，打开【最小值】对话框。在该对话框中，设置【半径】为1像素，然后单击【确定】按钮，如图9-36所示。

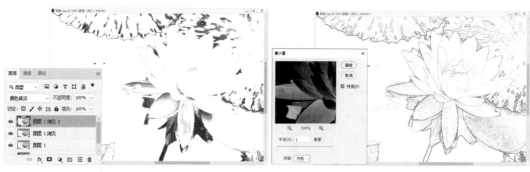

图9-35　复制图层并设置混合模式　　　　　　图9-36　应用【最小值】滤镜

（7）按Ctrl+E组合键向下合并一层，关闭【图层1拷贝】图层视图，再选中【图层1】图层。选择【滤镜】|【滤镜库】命令，在打开的对话框中选中【画笔描边】滤镜组中的【喷溅】滤镜，设置【喷色半径】为7、【平滑度】为4，然后单击【确定】按钮，如图9-37所示。

（8）打开【图层1拷贝】图层视图，设置图层的混合模式为【线性加深】，如图9-38所示。

图9-37　应用【喷溅】滤镜　　　　　　　　图9-38　设置图层的混合模式

（9）按Ctrl+Shift+Alt+E组合键盖印图层，生成【图层2】，选择【滤镜】|【滤镜库】命令，在打开的对话框中选中【纹理】滤镜组中的【纹理化】滤镜，在【纹理】下拉列表中选择【砂岩】选项，设置【缩放】为90%、【凸现】为2，在【光照】下拉列表中选择【右下】选项，然后单击【确定】按钮，如图9-39所示。

图9-39　应用【纹理化】滤镜

## 9.1.4　【素描】滤镜组

【素描】滤镜组中的滤镜能根据图像的色调分布情况，使用前景色和背景色按特定的运算方式对图像进行填充，使图像产生素描、速写及三维的艺术效果。

## 1.【半调图案】滤镜

【半调图案】滤镜使用前景色和背景色将图像处理为带有圆形、网点或直线形状的半调网屏效果，如图9-40所示。

图9-40　应用【半调图案】滤镜

【练习9-3】制作图像抽丝效果。

（1）选择【文件】|【打开】命令，打开一幅图像，按Ctrl+J组合键复制【背景】图层。在【颜色】面板中，设置前景色为R:155、G:70、B:35，如图9-41所示。

图9-41　打开、复制图像并设置前景色

（2）选择【滤镜】|【滤镜库】命令，在打开的对话框中选中【素描】滤镜组中的【半调图案】滤镜，在【图案类型】下拉列表中选择【直线】选项，设置【大小】为1、【对比度】为15，然后单击【确定】按钮，如图9-42所示。

（3）选择【编辑】|【渐隐滤镜库】命令，打开【渐隐】对话框，在【模式】下拉列表中选择【浅色】选项，设置【不透明度】为65%，然后单击【确定】按钮，如图9-43所示。

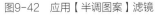

图9-42　应用【半调图案】滤镜　　　　　　图9-43　渐隐设置

## 2.【便条纸】滤镜

【便条纸】滤镜可以使图像产生类似浮雕的凹陷压印效果，其中前景色作为凹陷部分，而背景色作为凸出部分，如图9-44所示。

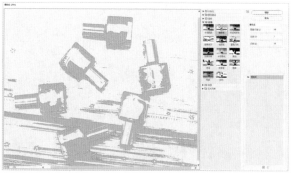

图9-44 应用【便条纸】滤镜

- 【图像平衡】滑块:用于设置高光区域和阴影区域面积的相对大小。
- 【粒度】滑块/【凸现】滑块:用于设置图像中生成颗粒的数量和显示程度。

3. 【粉笔和炭笔】滤镜

【粉笔和炭笔】滤镜可重绘高光和中间调。使用粗糙粉笔绘制纯中间调的灰色背景,如图9-45所示。阴影区域用黑色对角炭笔线绘制,前景色用炭笔绘制,背景色用粉笔绘制。

- 【炭笔区】滑块/【粉笔区】滑块:用于设置炭笔区域和粉笔区域的范围。
- 【描边压力】滑块:用于设置画笔的压力。

图9-45 应用【粉笔和炭笔】滤镜

4. 【铬黄渐变】滤镜

【铬黄渐变】滤镜可以渲染图像,使图像具有金属效果,如图9-46所示。应用该滤镜后,可以使用【色阶】命令提高图像的对比度,使金属效果更加强烈。

- 【细节】滑块:设置图像细节的保留程度。
- 【平滑度】滑块:设置图像效果的光滑程度。

图9-46 应用【铬黄渐变】滤镜

#### 5.【绘图笔】滤镜

【绘图笔】滤镜使用细的、线状的油墨描边来捕捉原图像的细节，将前景色作为油墨颜色、背景色作为纸张颜色，以替换原图像中的颜色，如图9-47所示。

- 【描边长度】滑块：用于调节笔触的长短。
- 【明/暗平衡】滑块：用于调整图像中前景色和背景色的比例。当该值为0时，图像被背景色填充；当该值为100时，图像被前景色填充。
- 【描边方向】下拉列表：用于设置笔触的方向。

图9-47　应用【绘图笔】滤镜

#### 6.【基底凸现】滤镜

【基底凸现】滤镜可以使图像呈现出浮雕效果，并突出光照下亮度各异的表面，如图9-48所示。图像的深色区域使用前景色，而浅色区域使用背景色。

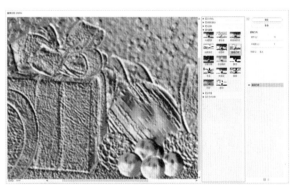

图9-48　应用【基底凸现】滤镜

#### 7.【撕边】滤镜

【撕边】滤镜可以重建图像，模拟由粗糙、撕破的纸片组成的效果，然后使用前景色与背景色为图像着色，如图9-49所示。对于文本或高对比度的对象，此滤镜尤其有用。

图9-49　应用【撕边】滤镜

- **【图像平衡】滑块**：用于设置图像中前景色和背景色的比例。
- **【平滑度】滑块**：用于设置图像边缘的平滑程度。
- **【对比度】滑块**：用于设置画面效果的对比度。

8. **【炭笔】滤镜**

【炭笔】滤镜可以使图像产生色调分离的涂抹效果，如图9-50所示。图像的主要边缘以粗线条绘制，而中间调用对角描边进行素描。炭笔是前景色，背景是纸张颜色。

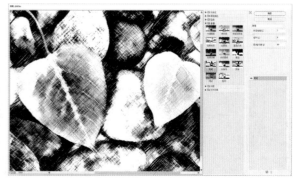

图9-50　应用【炭笔】滤镜

9. **【炭精笔】滤镜**

【炭精笔】滤镜可以在图像上模拟出浓黑和纯白的炭精笔纹理，暗区使用前景色，亮区使用背景色，如图9-51所示。为了获得更逼真的效果，用户可以在应用滤镜之前将前景色改为常用的炭精笔颜色，如黑色、深褐色等。要获得减弱的效果，用户可以将背景色改为白色，并在白色背景中添加一些前景色，然后应用滤镜。

图9-51　应用【炭精笔】滤镜

- **【前景色阶】滑块/【背景色阶】滑块**：用来调节前景色和背景色的平衡关系，哪一个色阶的数值越高，它的颜色就越突出。
- **【纹理】下拉列表**：在该下拉列表中可以选择一种预设纹理，也可以单击选项右侧的 ·≡ 按钮，载入一个PSD格式文件作为纹理。
- **【缩放】滑块/【凸现】滑块**：用来设置纹理的大小和凹凸程度。
- **【光照】下拉列表**：在该下拉列表中可以选择光照方向。
- **【反相】复选框**：选中该复选框，可以反转纹理的凹凸方向。

10. **【图章】滤镜**

【图章】滤镜可以简化图像，使之看起来像是用橡皮或木制图章创建的一样，如图9-52所示。该滤镜用于黑白图像时效果最佳。

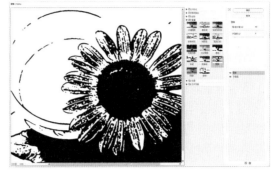

图9-52　应用【图章】滤镜

## 11.【网状】滤镜

【网状】滤镜使用前景色和背景色填充图像，在图像中产生一种网眼覆盖的效果，使图像的暗调区域结块化、高光区域轻微颗粒化，如图9-53所示。

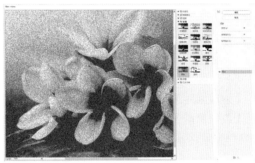

图9-53　应用【网状】滤镜

- 【密度】滑块：用来设置图像中产生的网纹密度。
- 【前景色阶】滑块/【背景色阶】滑块：用来设置图像中使用的前景色和背景色的色阶。

## 12.【影印】滤镜

【影印】滤镜可以模拟影印图像的效果，如图9-54所示。使用【影印】滤镜后，图像的色彩会被去掉，大的暗区趋向于只保留边缘，而中间调要么是纯黑色，要么是纯白色。

　使用滤镜处理图像后，可以执行【编辑】|【渐隐】命令修改滤镜效果的混合模式和不透明度。在【渐隐】对话框中，拖动【不透明度】滑块可以从0%（透明）到100%调整前一步滤镜效果的不透明度；在【模式】下拉列表中可以选择效果的混合模式。【渐隐】命令必须在进行了操作后立即执行，如进行了其他操作，则无法执行。

图9-54　应用【影印】滤镜

### 9.1.5 【纹理】滤镜组

【纹理】滤镜组中的滤镜可以模拟出具有深度感或特殊质感的效果。

1. 【龟裂缝】滤镜

【龟裂缝】滤镜可以将图像绘制在一个石膏表面上，以循着图像等高线生成精细的网状裂缝，如图9-55所示。该滤镜可以对包含多种颜色值或灰度值的图像创建浮雕效果。

图9-55　应用【龟裂缝】滤镜

- 【裂缝间距】滑块：用来设置图像中生成裂缝的间距，该值越低，裂缝越密。
- 【裂缝深度】滑块/【裂缝亮度】滑块：用来设置裂缝的深度和亮度。

2. 【颗粒】滤镜

【颗粒】滤镜可以使用常规、柔和、喷洒、结块、斑点等不同类型的颗粒在图像中添加纹理，如图9-56所示。

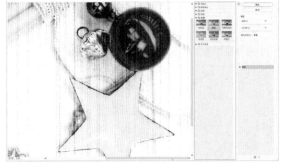

图9-56　应用【颗粒】滤镜

- 【强度】滑块：用于设置颗粒的密度，其取值范围为0～100，该值越高，图像中的颗粒越多。
- 【对比度】滑块：用于调整颗粒的明暗对比度，其取值范围为0～100。
- 【颗粒类型】下拉列表：用于设置颗粒的类型，包括【常规】、【柔和】、【喷洒】等（10种）类型。

3. 【纹理化】滤镜

【纹理化】滤镜可以在图像中添加各种纹理质感，如图9-57所示。

- 【纹理】下拉列表：提供了【砖形】、【粗麻布】、【画布】、【砂岩】4种纹理类型。另外，用户还可以选择通过【载入纹理】选项来载入自定义的以PSD格式文件存储的纹理模板。
- 【缩放】滑块：用于调整纹理的尺寸大小，该值越高，纹理效果越明显。
- 【凸现】滑块：用于调整纹理的深度，该值越高，图像的纹理越深。
- 【光照】下拉列表：提供了8种方向的光照效果。

图9-57　应用【纹理化】滤镜

## 9.1.6 【像素化】滤镜组

【像素化】滤镜组中的滤镜通过将图像中颜色相似的像素转换成单元格，使图像分块或平面化，从而创建彩块、点状、晶格和马赛克等特殊效果。

### 1.【彩色半调】滤镜

【彩色半调】滤镜可以将图像中的每种颜色分离，使其分散为随机分布的网点，如同点状绘画的效果。将一幅连续色调的图像转变为半色调的图像可以使图像看起来具有类似印刷的效果，如图9-58所示。

图9-58　应用【彩色半调】滤镜

- **【最大半径】数值框**：用来设置生成网点的最大半径。
- **【网角（度）】数值框**：用来设置图像各个原色通道的网点角度。图像为灰度模式只能使用【通道1】；图像为RGB模式可以使用后3个通道；图像为CMYK模式可以使用所有通道。当各个通道设置的数值相同时，生成的网点会重叠。

### 2.【点状化】滤镜

【点状化】滤镜可以将图像中的颜色分散为随机分布的网点，使图像具有点彩绘画效果，背景色将作为网点之间画布区域的颜色，如图9-59所示。

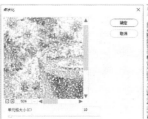

图9-59　应用【点状化】滤镜

### 3.【晶格化】滤镜

【晶格化】滤镜可以使图像中相近的像素集中到一个多边形色块中，从而把图像分割成许多个多边形色块，使图像产生类似结晶的颗粒效果，如图9-60所示。

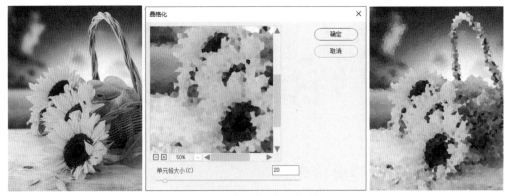

图9-60　应用【晶格化】滤镜

### 4.【马赛克】滤镜

【马赛克】滤镜可以渲染图像，使它看起来像是由小碎片拼贴组成，并加深小碎片之间缝隙的颜色，如图9-61所示。

图9-61　应用【马赛克】滤镜

### 5.【碎片】滤镜

【碎片】滤镜可以把图像的像素进行4次复制，然后将它们平均位移并降低不透明度，从而形成一种不聚焦的重视效果。该滤镜没有参数设置对话框。

### 6.【铜版雕刻】滤镜

【铜版雕刻】滤镜可以在图像中随机生成各种不规则的直线、曲线和斑点，使图像产生金属板效果，如图9-62所示。在【铜版雕刻】对话框中，【类型】选项用于选择铜版雕刻的类型，包括【精细点】、【中等点】、【粒状点】、【粗网点】、【短直线】、【中长直线】、【长直线】、【短描边】、【中长描边】、【长描边】。

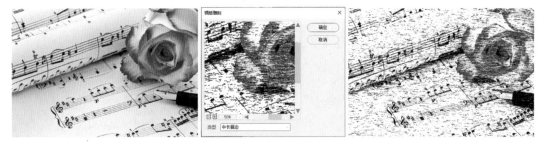

图9-62　应用【铜版雕刻】滤镜

## 9.2 为数码照片添加效果特效

在Photoshop中，用户使用滤镜命令不仅可以为图像添加各种艺术效果和纹理，还可以制作出特殊的变换效果。

### 9.2.1 【扭曲】滤镜组

【扭曲】滤镜组中的滤镜可以对图像进行几何扭曲，创建3D或其他变形效果。在处理图像时，这些滤镜会占用大量内存。如果文件较大，用户可以先在小尺寸的图像上进行试验。

#### 1.【波浪】滤镜

【波浪】滤镜可以根据用户设置的波长和波幅使图像产生不同的波纹效果，如图9-63所示。

图9-63 应用【波浪】滤镜

- **【生成器数】滑块**：用于设置产生波浪的波源数量。
- **【波长】滑块**：用于控制波峰间距，如图9-64所示，有【最小】和【最大】两个参数，分别表示最短波长和最长波长，最短波长不能超过最长波长。
- **【波幅】滑块**：用于设置波动幅度，如图9-65所示，有【最小】和【最大】两个参数，分别表示最小波幅和最大波幅，最小波幅不能超过最大波幅。

（a）波长最大：30　　　　　（b）波长最大：110　　　　（a）波幅最大：100　　　　（b）波幅最大：300

图9-64 设置【波长】　　　　　　　　　　　　图9-65 设置【波幅】

- **【比例】滑块**：用于调整水平和垂直方向的波动幅度。
- **【类型】选项区域**：用于设置波动类型，类型有【正弦】、【三角形】、【方形】3种，如图9-66所示。

（a）正弦　　　　　　　　　　（b）三角形　　　　　　　　　（c）方形

图9-66 设置【类型】

- **【随机化】按钮**：单击该按钮，可以随机改变图像的波纹效果。
- **【未定义区域】选项区域**：用来设置如何处理图像中出现的空白区域。选中【折回】单选按钮，可在空白区域添加溢出的内容；选中【重复边缘像素】单选按钮，可添加扭曲边缘的像素颜色。

2.【波纹】滤镜

【波纹】滤镜的工作方式与【波浪】滤镜的工作方式相同，但【波纹】对话框提供的选项较少，只能控制波纹的数量和大小，如图9-67所示。

图9-67　应用【波纹】滤镜

3.【玻璃】滤镜

【玻璃】滤镜可以制作出细小的纹理，使图像看起来像是透过不同类型玻璃观察到的效果，如图9-68所示。

- **【扭曲度】滑块**：用于设置扭曲效果的强度，该值越高，扭曲效果越强烈。
- **【平滑度】滑块**：用于设置扭曲效果的平滑程度，该值越低，扭曲的纹理越细小。
- **【纹理】下拉列表**：在该下拉列表中可以选择扭曲时产生的纹理样式，包括【块状】、【画布】、【磨砂】、【小镜头】。单击【纹理】右侧的▼按钮，在弹出的下拉列表中选择【载入纹理】选项，可以载入一个PSD格式的文件作为纹理。
- **【缩放】滑块**：用于设置纹理的缩放程度。
- **【反相】复选框**：选中该复选框，可以反转纹理的凹凸方向。

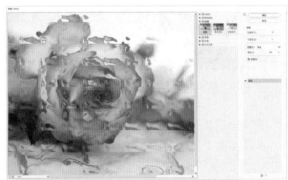

图9-68　应用【玻璃】滤镜

4.【海洋波纹】滤镜

【海洋波纹】滤镜可以将随机分隔的波纹添加到图像表面，它产生的波纹细小，边缘有较多抖动，使图像看起来像是在水下面，如图9-69所示。

5.【极坐标】滤镜

【极坐标】滤镜可以将图像从平面坐标转换为极坐标效果，或者从极坐标转换为平面坐标效果，如图9-70所示。

图9-69　应用【海洋波纹】滤镜

（a）原图　　　　　　　　　　（b）平面坐标到极坐标　　　　　　　　（c）极坐标到平面坐标

图9-70　应用【极坐标】滤镜

【练习9-4】制作夜空图。

（1）选择【文件】|【打开】命令，打开一幅图像，如图9-71所示。

（2）选择【裁剪】工具，在选项栏中单击【选择预设长宽比或裁剪尺寸】按钮，在弹出的下拉列表中选择【1：1（方形）】选项，然后在图像中调整裁剪区域，按Enter键裁剪图像，如图9-72所示。

图9-71　打开图像　　　　　　　　　　　　　　　图9-72　裁剪图像

（3）按Ctrl+J组合键复制【背景】图层。选择【滤镜】|【扭曲】|【极坐标】命令，打开【极坐标】对话框。在对话框中，选中【平面坐标到极坐标】单选按钮，然后单击【确定】按钮，如图9-73所示。

（4）选择【仿制图章】工具，在选项栏中设置画笔样式为柔边圆，设置【不透明度】为50%，取消【对齐】复选框，在【样本】下拉列表中选择【所有图层】选项。按Alt键在图像中单击创建参考点，然后在图像需要修饰的地方涂抹，如图9-74所示。

图9-73 应用【极坐标】滤镜

图9-74 修饰图像

（5）选择【椭圆】工具，在图像中央单击，并按Alt+Shift组合键拖动绘制圆形，然后按Ctrl+Shift+I组合键反选，如图9-75所示。

（6）选择【滤镜】|【模糊】|【径向模糊】命令，打开【径向模糊】对话框。在对话框中，选中【旋转】单选按钮，设置【数量】为50，然后单击【确定】按钮，如图9-76所示。

图9-75 创建选区

图9-76 应用【径向模糊】滤镜

（7）在【调整】面板中，单击【创建新的曲线调整图层】图标。在展开的【属性】面板中，调整【RGB】通道曲线形状，如图9-77所示。

（8）在相应下拉列表中选择【蓝】通道，并调整【蓝】通道曲线形状，如图9-78所示。

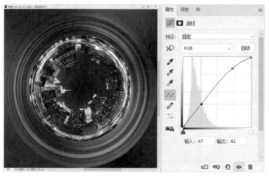

图9-77 调整【RGB】通道曲线形状

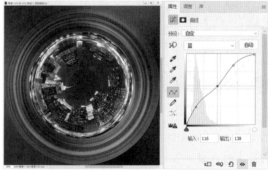

图9-78 调整【蓝】通道曲线形状

（9）在【图层】面板中，设置【曲线1】图层的混合模式为【强光】，完成效果制作，如图9-79所示。

图9-79　设置图层的混合模式

## 6.【水波】滤镜

【水波】滤镜可根据选区中像素的半径将选区径向扭曲，制作出类似涟漪的变形效果，如图9-80所示。在该滤镜的对话框中设置【起伏】选项可控制水波方向从选区的中心到边缘的反转次数。

图9-80　应用【水波】滤镜

## 7.【旋转扭曲】滤镜

【旋转扭曲】滤镜可以使图像产生旋转的效果，旋转会围绕图像的中心进行，且中心的旋转程度比边缘的旋转程度大，如图9-81所示。

图9-81　应用【旋转扭曲】滤镜

在该滤镜对话框中设置【角度】为正值时，图像顺时针旋转；设置【角度】为负值时，图像逆时针旋转。

## 8.【置换】滤镜

【置换】滤镜可以指定一个图像，并使用该图像的颜色、形状和纹理等来确定当前图像中的扭曲方式，最终使两幅图像交错组合在一起，产生位移扭曲效果，如图9-82所示。这里的另一幅图像被称为置换图，置换图必须是PSD格式的。

127

图9-82 应用【置换】滤镜

【练习9-5】制作倒影效果。

（1）选择【文件】|【打开】命令，打开一幅图像，按Ctrl+J组合键复制【背景】图层，如图9-83所示。

微课视频

（2）选择【图像】|【画布大小】命令，打开【画布大小】对话框。在对话框中，选中【相对】复选框，设置【高度】为8厘米，在【定位】选项区域中单击上部中央位置，然后单击【确定】按钮，如图9-84所示。

图9-83 打开并复制图像　　　　　　　　　图9-84 设置画布大小

（3）选择【编辑】|【变换】|【垂直翻转】命令，翻转【图层1】图层的图像内容，并使用【移动】工具将其拖动至画面下部，如图9-85所示。

（4）在【图层】面板中，单击【添加图层蒙版】按钮。选择【画笔】工具，在选项栏中设置画笔样式为100像素柔边圆、【不透明度】为40%，然后调整图层蒙版效果，如图9-86所示。

图9-85 翻转图像　　　　　　　　　图9-86 添加并调整图层蒙版

（5）单击【创建新图层】按钮，新建【图层2】图层，按Ctrl+Delete组合键填充白色。选择【滤镜】|【滤镜库】命令，打开【滤镜库】对话框，在对话框中选中【素描】滤镜组中的【半调图案】滤镜，在【图案类型】下拉列表中选择【直线】选项，设置【大小】为10、【对比度】为50，然后单击【确定】按钮，如图9-87所示。

（6）选择【滤镜】|【模糊】|【高斯模糊】命令，打开【高斯模糊】对话框。在该对话框中，设置【半径】为7像素，单击【确定】按钮，如图9-88所示。

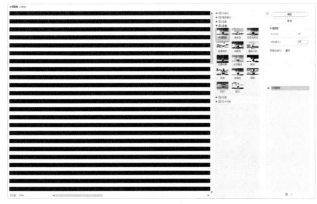

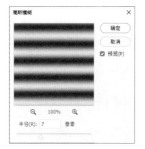

图9-87　应用【半调图案】滤镜　　　　　　　图9-88　应用【高斯模糊】滤镜

（7）鼠标右键单击【图层2】图层，在弹出的快捷菜单中选择【复制图层】命令，打开【复制图层】对话框，在对话框的【文档】下拉列表中选择【新建】选项，在【名称】文本框中输入"置换"，单击【确定】按钮，如图9-89所示。

（8）选择【文件】|【存储为】命令，打开【存储为】对话框，将"置换"文档存储为PSD格式，如图9-90所示。

图9-89　复制图层　　　　　　　　　　　　图9-90　存储文档

（9）返回正在编辑的图像，关闭【图层2】图层视图，选中【图层1】图层，按Ctrl+Shift+Alt+E组合键盖印图层，生成【图层3】图层，如图9-91所示。

（10）选择【滤镜】|【扭曲】|【置换】命令，打开【置换】对话框。在对话框中，设置【水平比例】为4、【垂直比例】为0，然后单击【确定】按钮。在打开的【选取一个置换图】对话框中，选中"置换"文档，然后单击【打开】按钮，如图9-92所示。

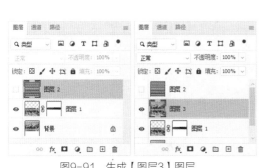

图9-91　生成【图层3】图层　　　　　　　图9-92　应用【置换】命令

（11）选择【矩形选框】工具，框选图像上半部分，然后按Delete键删除选区内图像，如图9-93所示。

（12）按Ctrl+D组合键取消选区，按Ctrl+J组合键生成【图层3拷贝】图层，选择【滤镜】|【滤镜库】命令，打开【滤镜库】对话框。在对话框中，选择【扭曲】滤镜组中的【海洋波纹】滤镜，设置【波纹大小】为3、【波纹幅度】为5，然后单击【确定】按钮，如图9-94所示。

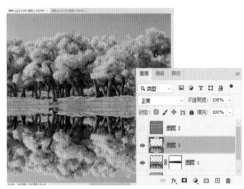

图9-93 删除选区内图像

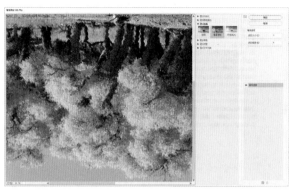

图9-94 应用【海洋波纹】滤镜

（13）在【图层】面板中，设置【图层3拷贝】图层的混合模式为【变亮】，如图9-95所示。

（14）在【图层】面板中，选中【图层3】。选择【滤镜】|【模糊】|【动感模糊】命令，打开【动感模糊】对话框。在对话框中，设置【角度】为0度、【距离】为6像素，然后单击【确定】按钮，如图9-96所示。

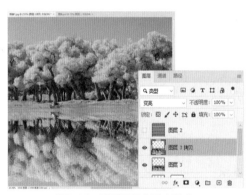

图9-95 设置图层的混合模式

图9-96 应用【动感模糊】滤镜

（15）在【图层】面板中，选中【图层3拷贝】图层，按Ctrl键单击图层缩览图，载入选区，如图9-97所示。

（16）在【调整】面板中，单击【创建新的曝光度调整图层】按钮，打开【属性】面板。在【属性】面板中，设置【灰度系数校正】为1.50，提亮倒影效果，如图9-98所示。

图9-97 载入选区

图9-98 调整曝光度

### 9.【扩散亮光】滤镜

【扩散亮光】滤镜可以在图像中添加白色杂色，并从图像中心向外渐隐亮光，使图像产生一种光芒漫射的效果，如图9-99所示。

图9-99　应用【扩散亮光】滤镜

- 【粒度】滑块：用来设置图像中添加颗粒的密度。
- 【发光量】滑块：用来设置图像中生成亮光的强度。
- 【清除数量】滑块：用来限制图像中受到滤镜影响的范围，该值越高，滤镜影响的范围越小。

## 9.2.2 【模糊】滤镜组

【模糊】滤镜组中的滤镜多用于不同程度地减少图像相邻像素间的颜色差异，使图像产生柔和、模糊的效果。

### 1.【动感模糊】滤镜

【动感模糊】滤镜可以对图像像素进行线性位移操作，从而产生沿某一方向运动的模糊效果，使静态图像具有动态效果，如图9-100所示。

图9-100　应用【动感模糊】滤镜

提示

【模糊】滤镜和【进一步模糊】滤镜都可以对图像进行自动模糊处理。【模糊】滤镜利用相邻像素的平均值来代替相似的图像区域，从而达到柔化图像边缘的效果；【进一步模糊】滤镜比【模糊】滤镜效果更加明显。这两个滤镜都没有参数设置对话框，如果想加强图像的模糊效果，用户可以多次使用。

【练习9-6】制作星光效果。

（1）打开图像，按Ctrl+J组合键复制【背景】图层两次，如图9-101所示。

（2）选择【滤镜】|【模糊】|【动感模糊】命令，打开【动感模糊】对话框。

微课视频

在该对话框中，设置【角度】为45度、【距离】为60像素，然后单击【确定】按钮，并设置【图层1拷贝】图层的混合模式为【变亮】，如图9-102所示。

图9-101　打开并复制图像

图9-102　应用【动感模糊】滤镜

（3）在【图层】面板中，选中【图层1】图层。选择【滤镜】|【模糊】|【动感模糊】命令，打开【动感模糊】对话框。在该对话框中，设置【角度】为-45度，然后单击【确定】按钮，并设置【图层1】图层的混合模式为【变亮】，如图9-103所示。

（4）在【图层】面板中，按Ctrl键选中【图层1】图层和【图层1拷贝】图层，按Ctrl+E组合键合并图层，设置合并后图层的混合模式为【变亮】，如图9-104所示。

图9-103　应用【动感模糊】滤镜

图9-104　设置图层的混合模式

（5）在【图层】面板中，单击【添加图层蒙版】按钮为【图层1拷贝】添加图层蒙版。选择【画笔】工具，在选项栏中将画笔样式设置为柔边圆，设置【不透明度】为30%，然后在图层蒙版中涂抹画面中的人物部分，如图9-105所示。

（6）在【图层】面板中，选中【图层1拷贝】图层缩览图，选择【滤镜】|【锐化】|【USM锐化】命令，打开【USM锐化】对话框。在该对话框中，设置【数量】为110%、【半径】为2.5像素，然后单击【确定】按钮，如图9-106所示。

图9-105　添加图层蒙版

图9-106　锐化图像

## 2.【高斯模糊】滤镜

【高斯模糊】滤镜能够以高斯曲线的形式对图像进行选择性模糊，使图像产生一种朦胧效果，如图9-107所示。

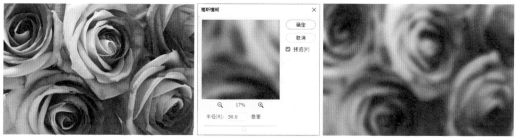

图9-107　应用【高斯模糊】滤镜

调整该滤镜对话框中的【半径】可以设置模糊的范围，它以像素为单位，数值越高，模糊效果越强烈。

## 3.【径向模糊】滤镜

【径向模糊】滤镜能够使图像产生辐射的模糊效果，也能够模拟相机前后移动或旋转产生的模糊效果，如图9-108所示。

图9-108　应用【径向模糊】滤镜

- 【数量】滑块：用于调节模糊效果的强度，该数值越大，模糊效果越强，如图9-109所示。

（a）数量：10　　　　　　　　　　　　　　（b）数量：80

图9-109　设置【数量】

- 【中心模糊】预览框：用于设置模糊从哪一点开始向外扩散，在预览框中单击即可设置模糊中心，如图9-110所示。
- 【模糊方法】选项区域：选中【旋转】单选按钮时，产生旋转模糊效果；选中【缩放】单选按钮时，产生放射模糊效果，该图像从中心处开始模糊放大，如图9-111所示。
- 【品质】选项区域：用于调节模糊质量，其中包括【草图】单选按钮、【好】单选按钮、【最好】单选按钮。

图9-110　设置模糊中心

（a）模糊方法：旋转　　　　　　　　（b）模糊方法：缩放

图9-111　设置【模糊方法】

## 4.【镜头模糊】滤镜

【镜头模糊】滤镜可以模拟镜头浅景深的模糊效果，如图9-112所示。

图9-112　应用【镜头模糊】滤镜

- 【更快】单选按钮：可提高预览速度。
- 【更加准确】单选按钮：可查看图像的最终效果，但需要较长的预览时间。
- 【深度映射】选项区域：在【源】下拉列表中可以选择使用透明度和图层蒙版来创建深度映射，如果图像中包含【Alpha】通道并选择了【透明度】选项，则【Alpha】通道中的黑色区域被视为位于图像的近处，白色区域被视为位于图像的远处；【模糊焦距】滑块用来设置位于焦点内的像素的深度；选中【反相】复选框可以反转蒙版和通道，然后将其应用。
- 【光圈】选项区域：用来设置模糊的显示方式，在【形状】下拉列表中可以设置光圈的形状，设置【半径】滑块可以调整模糊的数量，设置【叶片弯度】滑块可以对光圈边缘进行平滑处理，设置【旋转】滑块则可旋转光圈。
- 【镜面高光】选项区域：用来设置镜面高光的范围。【亮度】滑块用来设置高光的亮度；【阈值】滑块用来设置亮度截止点，比该截止点亮的所有像素都被视为镜面高光。

- 【杂色】选项区域：设置【数量】可以在图像中添加或减少杂色。其中，【分布】选项区域用来设置杂色的分布方式，包括【平均分布】单选按钮和【高斯分布】单选按钮；【单色】复选框选中后会在不影响颜色的情况下向图像添加杂色。

【练习9-7】使用【镜头模糊】滤镜制作图像景深效果。

（1）选择【文件】|【打开】命令，打开一幅图像，按Ctrl+J组合键复制【背景】图层。在工具面板中单击【以快速蒙版模式编辑】按钮，再选择【画笔】工具，涂抹图像中的主体部分，如图9-113所示。

微课视频

（2）按Q键返回标准编辑模式，选择【选择】|【选择并遮住】命令，打开【选择并遮住】工作区，设置【羽化】为80像素，然后单击【确定】按钮，如图9-114所示。

图9-113　创建蒙版

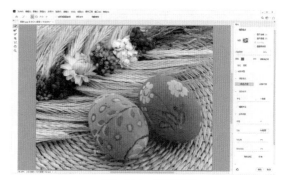

图9-114　设置蒙版

（3）在【图层】面板中，单击【创建图层蒙版】按钮，创建图层蒙版，如图9-115所示。

（4）在【图层】面板中，选中图层缩览图。选择【滤镜】|【模糊】|【镜头模糊】命令，打开【镜头模糊】对话框，在【源】下拉列表中选择【图层蒙版】选项，设置【模糊焦距】为40，如图9-116所示。

图9-115　创建图层蒙版

图9-116　应用【镜头模糊】滤镜

（5）设置完成后，单击【确定】按钮，如图9-117所示。

图9-117　应用效果

5. 【特殊模糊】滤镜

【特殊模糊】滤镜常用于模糊画面中的褶皱、重叠的边缘，还可以进行图像的降噪处理，如图9-118所示。【特殊模糊】滤镜只对有微弱颜色变化的区域进行模糊，模糊效果细腻，既能够最大限度地保留画面内容的真实形态，又能够使小的细节变得柔和。

图9-118　应用【特殊模糊】滤镜

- 【半径】滑块：用于设置模糊的范围，该值越高，模糊效果越明显。
- 【阈值】滑块：用于确定像素具有多大差异才会被模糊处理。
- 【品质】下拉列表：用于设置图像的品质，品质包括【低】、【中】、【高】3种。
- 【模式】下拉列表：在该下拉列表中可以选择产生模糊效果的模式。在【正常】模式下，不会添加特殊效果；在【仅限边缘】模式下，会用黑色显示图像，用白色描边；在【叠加边缘】模式下，则以白色描绘出图像边缘亮度值变化强烈的区域。

## 9.2.3 【模糊画廊】滤镜组

【模糊画廊】滤镜组中的滤镜通过模仿各种相机拍摄效果，模糊图像，创建景深效果。

1. 【场景模糊】滤镜

【场景模糊】滤镜可以在画面的不同位置添加多个控制点，并对每个控制点设置不同的模糊数值，使画面的不同部分产生不同的模糊效果，如图9-119所示。打开一幅图像，选择【滤镜】|【模糊画廊】|【场景模糊】命令，打开【场景模糊】工作区。

图9-119　应用【场景模糊】滤镜

在默认情况下，画面中央位置会自动添加一个控制点，这个控制点用来控制模糊的位置。在工作区右侧设置【模糊】可控制模糊的强度，如图9-120所示。继续在画面中单击添加控制点，然后设置合适的模糊数值（需要注意远近关系，越远的地方，模糊强度越高）。

- 【光源散景】滑块：用于控制光照亮度，该数值越高，高光区域的亮度就越高。
- 【散景颜色】滑块：用于控制散景区域颜色。
- 【光照范围】滑块：用于用色阶来控制散景的范围。

（a）模糊：40像素　　　　　　　　　（b）模糊：6像素

图9-120　设置【模糊】

## 2.【光圈模糊】滤镜

用户使用【光圈模糊】滤镜可以将一个或多个焦点添加到图像中，并可以通过拖动焦点位置控件改变焦点的大小与形状、图像其余部分的模糊区域数量以及清晰区域与模糊区域之间的过渡效果，如图9-121所示。选择【滤镜】|【模糊画廊】|【光圈模糊】命令，打开【光圈模糊】工作区，在工作区中可以看到画面中添加了一个控制点且带有控制框，控制框以外的区域为模糊区域，在工作区右侧可以设置【模糊】控制模糊的程度。

图9-121　应用【光圈模糊】滤镜

在画面中，将鼠标指针放置在控制框上可以缩放、旋转控制框；拖动控制框右上角的控制点，即可改变控制框的形状，如图9-122所示。拖动控制框内侧的圆形控制点可以调整模糊过渡的效果，如图9-123所示。

图9-122　改变控制框的形状　　　　　　　　　图9-123　调整模糊过渡的效果

## 3.【移轴模糊】滤镜

【移轴模糊】滤镜可以创建移轴拍摄效果，如图9-124所示。选择【滤镜】|【模糊画廊】|【移轴模糊】命令，打开【移轴模糊】工作区。在图像上单击可以创建焦点并应用模糊效果，直线范围内是清晰区域，直线到虚线间是由清晰到模糊的过渡区域，虚线外是模糊区域。

## 4.【路径模糊】滤镜

【路径模糊】滤镜可以沿着一定方向使画面模糊，用户使用该滤镜可以在画面中创建任何角度的直线或弧线的控制杆，像素沿着控制杆的走向进行模糊，如图9-125所示。【路径模糊】滤镜可以制作带有动感的

模糊效果，并且能够制作出多角度、多层次的模糊效果。选择【滤镜】|【模糊画廊】|【路径模糊】命令，打开【路径模糊】工作区。在默认情况下，画面中央有一个箭头形的控制杆。

图9-124 应用【移轴模糊】滤镜

在工作区右侧进行设置，可以看到画面中所选的部分发生了横向的带有运动感的模糊效果。调整【速度】可以调整模糊的强度，调整【锥度】可以调整模糊边缘的渐隐强度，如图9-126所示。

图9-125 应用【路径模糊】滤镜　　　　图9-126 设置相应项

拖动控制点可以改变控制杆的形状，同时会影响模糊的效果；用户也可以在控制杆上单击添加控制点，并调整箭头的形状，如图9-127所示。

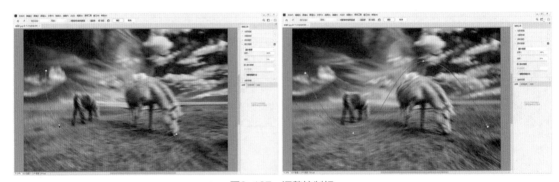

图9-127 调整控制杆

**5.【旋转模糊】滤镜**

【旋转模糊】滤镜的效果与【路径模糊】滤镜的效果较为相似，但【旋转模糊】滤镜功能更加强大，如图9-128所示。【旋转模糊】滤镜能够一次性在画面中添加多个模糊点，还能够随意控制每个模糊点的模糊范围、形状与强度。选择【滤镜】|【模糊画廊】|【旋转模糊】命令，打开【旋转模糊】工作区。

图9-128　应用【旋转模糊】滤镜

## 9.2.4 云彩的渲染

　　【云彩】滤镜可以在图像的前景色和背景色之间随机抽取像素，再将图像转换为柔和的云彩效果。该滤镜无选项设置对话框，常用于创建图像的云彩效果，如图9-129所示。

　　【分层云彩】滤镜可以将云彩数据和现有的像素混合，其方式与【差值】模式混合颜色的方式相同，如图9-130所示。

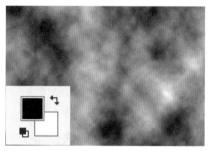

图9-129　应用【云彩】滤镜

图9-130　应用【分层云彩】滤镜

提示　　用户如果先按住Alt键，再应用【云彩】滤镜，可以生成色彩更加鲜明的云彩图案。

## 9.2.5 【添加杂色】滤镜

　　【添加杂色】滤镜可以将随机的像素应用于图像，模拟用高速胶片拍照的效果，如图9-131所示。该滤镜可用来减少羽化选区或渐变填充中的条纹，或者使经过重大修饰的区域看起来更加真实，又或者在空白的图像上生成随机的杂点，制作出杂纹或其他底纹。

- 【数量】滑块：用来设置杂色的数量。
- 【分布】选项区域：用来设置杂色的分布方式。选中【平均分布】单选按钮，会随机地在图像中加入杂色，效果比较柔和；选中【高斯分布】单选按钮，则会按沿一条钟形曲线分布的方式来添加杂色，效果比较强烈。
- 【单色】复选框：选中该复选框，添加的杂点只影响原有像素的亮度，像素的颜色不会改变。

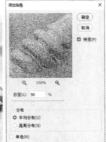

图9-131 应用【添加杂色】滤镜

**【练习9-8】**制作素描效果。

（1）选择【文件】|【打开】命令，打开一幅图像，按Ctrl+J组合键复制【背景】图层，如图9-132所示。

图9-132 打开并复制图像

（2）选择【图像】|【调整】|【去色】命令，按Ctrl+J组合键复制图层，生成【图层1拷贝】图层。选择【图像】|【调整】|【反相】命令，如图9-133所示。

图9-133 反相图像

（3）在【图层】面板中，设置【图层1拷贝】图层的混合模式为【颜色减淡】。选择【滤镜】|【其他】|【最小值】命令，打开【最小值】对话框。在该对话框中，设置【半径】为2像素，然后单击【确定】按钮，如图9-134所示。

（4）在【图层】面板中，双击【图层1拷贝】图层，打开【图层样式】对话框，在该对话框的【混合颜色带】选项区域中，按住Alt键拖动【下一图层】黑色滑块的右半部分至225，然后单击【确定】按钮，如图9-135所示。

（5）在【图层】面板中，按Ctrl+E组合键合并图层。选中【背景】图层，单击【创建新图层】按钮，新建【图层2】，并按Ctrl+Delete组合键填充白色，如图9-136所示。

图9-134　应用【最小值】滤镜

图9-135　设置混合选项

图9-136　新建图层并填充

（6）在【图层】面板中，选中【图层1】图层，按Ctrl+J组合键复制图层。再单击【添加图层蒙版】按钮，为【图层1拷贝】图层添加图层蒙版，如图9-137所示。

（7）选择【滤镜】|【杂色】|【添加杂色】命令，打开【添加杂色】对话框。在该对话框中，设置【数量】为140%，然后单击【确定】按钮，如图9-138所示。

图9-137　添加图层蒙版

图9-138　应用【添加杂色】滤镜

（8）选择【滤镜】|【模糊】|【动感模糊】命令，打开【动感模糊】对话框。在该对话框中，设置【角度】为45度、【距离】为45像素，然后单击【确定】按钮。在【图层】面板中，设置【图层1拷贝】图层的混合模式为【划分】，如图9-139所示。

图9-139　应用【动感模糊】滤镜

（9）在【调整】面板中，单击【创建新的曝光度调整图层】按钮，打开【属性】面板。在【属性】面板中，设置【位移】为+0.0069、【灰度系数校正】为0.19，如图9-140所示。

图9-140　调整曝光度

# 第10章 合成技法

数码照片的合成是Photoshop中最为有趣的功能，用户可以通过多种方法将照片中的人物或景物自然地抠取出来，再与其他图像进行合成，制作出意想不到的特殊画面效果。

## 10.1 调整图像位置的必备工具——【移动】工具

使用选框工具、套索工具或魔棒工具创建选区后，选区可能不在合适的位置上，此时用户需要移动选区。

创建选区后，在选项栏中单击【新选区】按钮，再将鼠标指针置于选区中，当鼠标指针变成白色箭头时，拖动即可移动选区，如图10-1所示。

图10-1 移动选区

复制选区主要通过【移动】工具及快捷键实现。在使用【移动】工具时，按住Ctrl+Alt组合键，当鼠标指针变为 形状时，可以移动并复制选区内的图像，如图10-2所示。

图10-2 移动并复制选区

 除此之外，用户也可以通过键盘上的方向键，将对象以每次1像素的距离移动；如果按住Shift键再按方向键，则每次可以移动10像素的距离。

## 10.2 使图像间自然融合——羽化选区

选择【选择】|【选择并遮住】命令或在选择了一种选区创建工具后，单击选项栏中的【选择并遮住】按钮，即可打开【选择并遮住】工作区。该工作区将用户熟悉的工具和新工具结合在一起，用户可在【属性】面板中调整参数以创建更精准的选区。

打开一幅图像，选择【快速选择】工具，在选项栏中单击【选择主体】按钮创建选区，如图10-3所示。然后选择【选择】|【选择并遮住】命令，打开图10-4所示的【选择并遮住】工作区。该工作区左侧为一些用于调整选区及视图的工具，左上方为工具选项，右侧为选区编辑选项。

图10-3 创建选区　　　　　　　　　　　　　图10-4 【选择并遮住】工作区

- 【快速选择】工具☑：按住鼠标左键拖动涂抹，Photoshop会自动查找和跟随图像颜色的边缘创建选区。
- 【调整边缘画笔】工具☑：精确调整边缘的边界区域。创建头发或毛皮的选区时可以使用【调整半径】工具柔化区域以增加选区内的细节。
- 【画笔】工具☑：通过涂抹的方式添加或减去选区。
- 【对象选择】工具☑：在定义的区域内查找并自动选择一个对象。
- 【套索】工具组☑：在该工具组中有【套索】工具和【多边形套索】工具。

　　　如果需要双击图层蒙版后打开【选择并遮住】工作区，用户可以选择【编辑】|【首选项】|【工具】命令，在打开的【首选项】对话框中选中【双击图层蒙版可启动"选择并遮住"工作区】复选框，如图10-5所示。

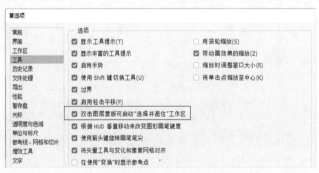

图10-5 设置快速启动【选择并遮住】工作区

在【视图模式】选项区域中可以进行视图模式的设置，如图10-6所示。单击【视图】按钮，在下拉列表中选择一个合适的视图模式。

图10-6 【视图模式】选项区域

- 【视图】下拉列表：在该下拉列表中可以根据不同的需要选择最合适的预览方式，如图10-7所示。按F键可以在各个模式之间循环切换，按X键可以暂时停用所有视图。

（a）洋葱皮　　　（b）闪烁虚线　　　（c）叠加　　　　（d）黑底

（e）白底　　　　　（f）黑白　　　　　（g）图层

图10-7 设置预览方式

- 【显示边缘】复选框：选中该复选框可以显示调整区域。
- 【显示原稿】复选框：选中该复选框可以显示原始蒙版。
- 【高品质预览】复选框：选中该复选框可以以较高的分辨率预览，同时更新速度变慢。

放大图像，可以看到先前使用【快速选择】工具创建的选区并不完全。此时，可以使用左侧的工具调整选区范围，如图10-8所示。

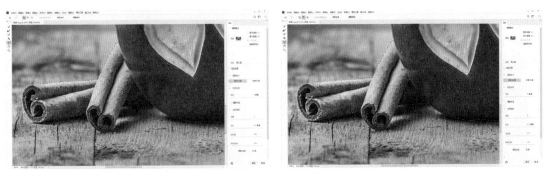

图10-8 调整选区范围

进一步调整图像边缘可以设置【边缘检测】的【半径】，如图10-9所示。【半径】用来确定选区边缘周围的区域大小。用户对图像中较锐利的边缘可以使用较小的半径，对较柔和的边缘可以使用较大的半径。选中【智能半径】复选框后，允许选区边缘出现宽度可变的调整区域。

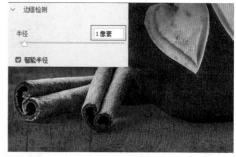

图10-9　设置【半径】

【全局调整】选项区域主要用来对选区进行平滑、羽化和扩展等处理，如图10-10所示。

图10-10　【全局调整】选项区域

- **【平滑】滑块**：当创建的选区边缘非常生硬，甚至有明显的锯齿时，可以使用该滑块进行柔化处理。
- **【羽化】滑块**：该滑块的功能与【羽化】命令的功能基本相同，用来柔化选区边缘。
- **【对比度】滑块**：此滑块可以调整选区边缘的虚化程度，该数值越大，边缘越锐利，通常用于创建比较精确的选区。
- **【移动边缘】滑块**：该滑块的功能与【收缩】和【扩展】命令的功能基本相同，使用负值可以向内移动柔化边缘的边框，使用正值可以向外移动边框。
- **【清除选区】按钮**：单击该按钮，可以取消当前选区。
- **【反相】按钮**：单击该按钮，即可得到反向的选区。

选区调整完成后需要进行输出设置。在【输出设置】选项区域中可以设置选区边缘的杂色及选区的输出方式，如图10-11所示。在【输出设置】中选中【净化颜色】复选框，设置【输出到】为【选区】，单击【确定】按钮即可得到选区。使用Ctrl+J组合键将选区中的图像内容复制到独立图层，然后更换背景，如图10-12所示。

图10-11　【输出设置】选项区域　　　　　　　　　图10-12　更换背景

- **【净化颜色】复选框**：将彩色杂边替换为附近完全选中的像素颜色，颜色替换的强度与选区边缘的羽化程度成正比。

- 【输出到】下拉列表：设置选区的输出方式。在【输出到】下拉列表中选中相应的输出方式，如图10-13所示。

单击【复位工作区】按钮可恢复【选择并遮住】工作区的原始状态。另外，此按钮还可以将图像恢复为进入【选择并遮住】工作区时，它所应用的原始选区或蒙版状态。选中【记住设置】复选框可以存储设置，以用于以后打开的图像。

图10-13 【输出到】下拉列表

【练习10-1】使用【选择并遮住】命令调整图像。

（1）选择【文件】|【打开】命令，打开一幅图像，如图10-14所示。

（2）选择【选择】|【色彩范围】命令，打开【色彩范围】对话框。在对话框中，设置【颜色容差】为45，然后使用【吸管】工具在图像的背景区域单击，如图10-15所示。

图10-14 打开图像

图10-15 吸取色彩范围

（3）在【色彩范围】对话框中，单击【添加到取样】工具，在图像背景深色部分单击添加取样，然后单击【确定】按钮，如图10-16所示。

图10-16 添加取样范围

（4）选择【选择】|【选择并遮住】命令，打开【选择并遮住】工作区。在该工作区的【属性】面板中，单击展开【视图】下拉列表，选择【叠加】选项，如图10-17所示。

（5）在【选择并遮住】工作区的左侧选择【多边形套索】工具，在图像中调整选区范围，如图10-18所示。

（6）在【全局调整】选项区域中，设置【平滑】为5、【羽化】为1像素，单击【反相】按钮；在【输出设置】中选中【净化颜色】复选框，在【输出到】下拉列表中选择【新建图层】选项。设置完成后，单击【确定】按钮，即可将对象从背景中抠取出来，如图10-19所示。

（7）按住Ctrl键单击【图层】面板中新建的【背景 拷贝】图层缩览图载入选区，再按Ctrl+Shift+I组合键反选，如图10-20所示。

图10-17　选择【叠加】选项

图10-18　调整选区范围

图10-19　调整选区

图10-20　反选

（8）选择【文件】|【打开】命令，打开另一幅图像，并按Ctrl+A组合键全选图像，按Ctrl+C组合键复制，如图10-21所示。

（9）返回先前创建选区的图像，选择【编辑】|【选择性粘贴】|【贴入】命令粘贴图像，并按Ctrl+T组合键调整图像大小，如图10-22所示。

图10-21　打开并复制图像

图10-22　粘贴图像

## 10.3　调整图像的外形——变换与变形的应用

创建选区后，用户不仅可以移动选区、调整选区范围，还可以根据需要变换选区的形状，或是变换选区内的图像。

### 10.3.1　变换选区

创建选区后，选择【选择】|【变换选区】命令或在选区内右击，在弹出的快捷菜单中选择【变换选区】

命令，然后把鼠标指针移动到选区内，当鼠标指针变为▶形状时，即可拖动选区。使用【变换选区】命令除了可以移动选区外，还可以改变选区的形状，如对选区进行缩放、旋转和扭曲等。在变换选区时，用户可以直接通过拖动定界框的控制点调整选区，还可以配合使用Shift键、Alt键和Ctrl键。

微课视频

【练习10-2】使用【变换选区】命令调整图像。

（1）选择【文件】|【打开】命令，打开一幅图像。选择【椭圆选框】工具，在选项栏中设置【羽化】为50像素，然后在图像中拖动创建选区，如图10-23所示。

（2）选择【选择】|【变换选区】命令，在选项栏中单击【在自由变换和变形模式之间切换】按钮黑，出现控制框后调整选区，如图10-24所示。

图10-23　创建选区

图10-24　调整选区

（3）选区调整完成后，按Enter键应用，并选择【选择】|【反选】命令反选，如图10-25所示。

（4）选择【文件】|【打开】命令打开另一幅图像，选择【选择】|【全部】命令全选图像，选择【编辑】|【拷贝】命令，如图10-26所示。

图10-25　反选选区

图10-26　打开并复制图像

（5）再次选中第一幅图像，选择【编辑】|【选择性粘贴】|【贴入】命令，并按Ctrl+T组合键应用【自由变换】命令调整粘贴的图像，如图10-27所示。

（6）按Enter键结束自由变换操作，在【图层】面板中设置【图层1】图层的混合模式为【滤色】、【不透明度】为70%，如图10-28所示。

图10-27　粘贴并调整图像

图10-28　调整图层的混合模式

## 10.3.2 变换图像

用户利用【变换】命令和【自由变换】命令可以对整个图层、图层中选中的部分区域、多个图层、图层蒙版，甚至路径、矢量图形、选择范围和Alpha通道进行缩放、旋转、斜切和透视等操作。选择【编辑】|【变换】命令，子菜单中包括【缩放】、【旋转】、【斜切】、【扭曲】、【透视】、【变形】、【水平翻转】、【垂直翻转】等命令。选择【编辑】|【自由变换】命令（或按组合键Ctrl+T），此时图像周围会显示一个图10-29所示的定界框，调整定界框可以对图像进行变换。完成变换后，按Enter键确认。如果要取消正在进行的变换操作，用户可以按Esc键。

### 1. 调整中心点位置

选择【变换】命令或【自由变换】命令后，都会显示定界框。默认情况下，中心点位于定界框的中心位置，它用于定义对象的变换中心。通过它可以控制变换对象的参考点位置，如图10-30所示。

图10-29　显示定界框　　　　　　　　　　图10-30　调整中心点位置

要想调整定界框的中心点位置，只需移动鼠标指针至中心点上，当鼠标指针显示为▶形状时，拖动即可将中心点移到任意位置。用户也可以在选项栏中，单击 ▦ 图标上不同的点来改变中心点的位置。▦ 图标上的各个点和定界框上的各个点一一对应。

### 2. 缩放

选中需要变换的图层，按Ctrl+T组合键显示定界框。在默认情况下，选项栏中【水平缩放】和【垂直缩放】处于约束状态。此时拖动控制点，可以对图像进行等比缩放，如图10-31所示。单击选项栏中的 ∞ 按钮，可以使长宽比处于不锁定状态，以便进行非等比缩放。

用户如果按住Alt键拖动定界框的角控制点，能够以中心点为缩放中心进行缩放。在长宽比锁定的状态下，按住Shift键并拖动控制点可以进行非等比缩放。在长宽比不锁定的状态下，按住Shift键并拖动控制点可以进行等比缩放。

### 3. 旋转

将鼠标指针移动至控制点外侧，当其变为弧形的双箭头形状后，拖动即可进行旋转，如图10-32所示。在旋转过程中，按住Shift键并拖动控制点可以以15°为增量进行旋转。

图10-31　缩放　　　　　　　　　　　　　图10-32　旋转

## 4. 斜切

在自由变换状态下单击鼠标右键，在弹出的快捷菜单中选择【斜切】命令，然后拖动控制点，即可在任意方向上倾斜图像，如图10-33所示。如果移动鼠标指针至角控制点上，拖动角控制点可以在保持其他3个角控制点位置不动的情况下对图像进行倾斜变换操作。如果移动鼠标指针至边控制点上，拖动边控制点可以在保持与该边控制点相对的定界框边不动的情况下进行图像倾斜变换操作。

## 5. 扭曲

在自由变换状态下单击鼠标右键，在弹出的快捷菜单中选择【扭曲】命令，然后用户可以任意拉伸定界框上的8个控制点进行自由扭曲变换操作，如图10-34所示。

图10-33　斜切　　　　　　　　　　　　　　图10-34　扭曲

## 6. 透视

在自由变换状态下单击鼠标右键，在弹出的快捷菜单中选择【透视】命令，可以对图像应用单点透视，如图10-35所示。用户拖动定界框的角控制点可以在水平或垂直方向上对图像应用透视。

图10-35　透视

## 7. 变形

在自由变换状态下单击鼠标右键，在弹出的快捷菜单中选择【变形】命令，拖动网格线或控制点即可进行变形操作，如图10-36所示。选项栏中的【拆分】选项用来创建变形网格线，包含【交叉拆分变形】、【垂直拆分变形】、【水平拆分变形】3种方式。单击【交叉拆分变形】按钮，将鼠标指针移动到定界框内单击，即可同时创建水平和垂直方向的变形网格线。接着拖动控制点即可进行变形操作，如图10-37所示。

拆分：

图10-36　变形　　　　　　　　　　　　　　图10-37　交叉拆分变形

在【网格】下拉列表中能够选择网格的数量，如选择3×3，即可看到相应的网格线。拖动控制点可以进行更加细致的变形操作，如图10-38所示。

单击【变形】按钮，在下拉列表中有多种预设的变形方式。选择一种后，在选项栏中更改【弯曲】、【H】、【V】的参数，如图10-39所示。

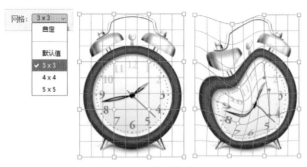
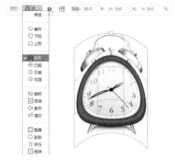

图10-38　设置网格　　　　　　　　　　图10-39　使用预设变形

### 8. 翻转

在自由变换状态下单击鼠标右键，在弹出的快捷菜单的底部有5个旋转命令，即【旋转180度】、【旋转90度（顺时针）】、【旋转90度（逆时针）】、【水平翻转】、【垂直翻转】命令。使用这些命令可以直接对图像进行变换，不会显示定界框。选择【旋转180度】命令可以将图像旋转180度，如图10-40所示；选择【旋转90度（顺时针）】命令可以将图像顺时针旋转90度；选择【旋转90度（逆时针）】命令可以将图像逆时针旋转90度；选择【水平翻转】命令可以将图像在水平方向上进行翻转；选择【垂直翻转】命令可以将图像在垂直方向上进行翻转，如图10-41所示。

图10-40　旋转180度　　　　　　　　　　图10-41　垂直翻转

### 9. 复制并重复上一次变换

如要制作一系列变换规律相似的元素，用户可以使用【复制并重复上一次变换】命令来完成。在使用该命令之前，用户需要先设定好一个变换规律。

复制一个图层，然后使用Ctrl+T组合键应用【自由变换】命令，此时显示定界框，调整中心点的位置，接着进行变换。按Enter键确定变换操作，然后多次按Ctrl+Shift+Alt+T组合键，可以得到一系列按照上一次变换规律进行变换的图像，如图10-42所示。

图10-42　复制并重复上一次变换

【练习10-3】使用【变形】命令拼合图像。

（1）选择【文件】|【打开】命令，打开一幅图像，如图10-43所示。

（2）选择【文件】|【置入嵌入对象】命令，打开【置入嵌入的对象】对话框，在对话框中选中所需的图像，然后单击【置入】按钮置入，如图10-44所示。

图10-43 打开图像

图10-44 置入图像

（3）在【图层】面板中，设置置入图像图层的混合模式为【正片叠底】，按Ctrl+T组合键应用【自由变换】命令，调整置入图像的大小及位置，如图10-45所示。

（4）在选项栏中单击【在自由变换和变形模式之间切换】按钮，当出现定界框后调整图像形状。调整完成后，单击选项栏中的【提交变换】按钮✓或按Enter键应用变换，如图10-46所示。

图10-45 调整图像大小及位置

图10-46 调整图像形状

### 10.3.3 自由变换

选择【编辑】|【自由变换】命令（或按Ctrl+T组合键）可以一次完成【变换】子菜单中的所有操作，而不用多次选择不同的命令，但需要一些快捷键配合进行操作。

- 移动鼠标指针至定界框的控制点上，当鼠标指针显示为↔、↕、⤢、⤡形状时，拖动控制点即可改变图像大小，按住Shift键可按比例缩放。

- 将鼠标指针移动到定界框外，当其变为⤿形状时，按下鼠标左键并拖动即可进行自由旋转，会以定界框的中心点为旋转中心，按住Shift键能使旋转以15°递增。

- 按住Alt键时，拖动控制点可对图像进行扭曲操作。按住Ctrl键可以随意更改控制点的位置，对定界框进行自由扭曲变换。

- 按住Ctrl+Shift组合键，拖动定界框可对图像进行斜切操作。
- 按住Ctrl+Alt+Shift组合键，拖动定界框角点可对图像进行透视操作。

【练习10-4】制作图像拼合效果。

（1）选择【文件】|【打开】命令，打开一幅图像，如图10-47所示。

（2）选择【多边形套索】工具，在选项栏中设置【羽化】为1像素，然后沿手机屏幕创建选区，如图10-48所示。

微课视频

图10-47 打开图像

图10-48 创建手机屏幕选区

（3）选择【文件】|【打开】命令，打开另一幅图像，按Ctrl+A组合键全选图像，如图10-49所示。

（4）按Ctrl+C组合键复制图像，选中手机图像，选择【编辑】|【选择性粘贴】|【贴入】命令，粘贴滑雪人物图像，如图10-50所示。

图10-49 打开并复制图像

图10-50 粘贴图像

（5）选择【移动】工具，按Ctrl+T组合键应用【自由变换】命令，按住Ctrl键调整定界框角控制点位置，如图10-51所示。

（6）按住Shift键单击【图层1】图层蒙版，停用蒙版。选择【磁性套索】工具，在选项栏中设置【羽化】为1像素、【对比度】为20%，然后沿滑雪人物创建选区，如图10-52所示。

图10-51 变换图像

图10-52 创建人物选区

（7）按Ctrl+J组合键复制选区内图像，按住Shift键单击【图层1】图层蒙版，重新启用蒙版，如图10-53所示。

（8）在【图层】面板中，选中【图层1】和【图层2】图层，单击【链接图层】按钮链接图层，如图10-54所示。

图10-53　复制图像

图10-54　链接图层

（9）按住Alt键双击【背景】图层，将其转换为【图层0】图层。选择【多边形套索】工具，在选项栏中设置【羽化】为1像素，沿手机外观创建选区。然后按Ctrl+Shift+I组合键反选，如图10-55所示。

（10）选择【文件】|【打开】命令，打开另一幅图像，按Ctrl+A组合键全选图像，如图10-56所示。

图10-55　创建手机外观选区

图10-56　打开并全选图像

（11）按Ctrl+C组合键复制图像，选中手机图像，选择【编辑】|【选择性粘贴】|【贴入】命令粘贴雪山图像，如图10-57所示。

（12）在【图层】面板中，设置【图层3】图层的混合模式为【颜色加深】，完成效果制作，如图10-58所示。

图10-57　贴入图像

图10-58　调整图层的混合模式

### 10.3.4 精确变换

选择【编辑】|【自由变换】命令（或按Ctrl+T组合键）显示定界框后，选项栏中会显示各种变换选项，如图10-59所示。

⌂ ⯍ ☑ ⧈ X: 622.00 像素 △ Y: 810.00 像素 W: 100.00% ∞ H: 100.00% ∡ 0.00 度 H: 0.00 度 V: 0.00 度 插值: 两次立方 ∨ 🞪 ⊘ ✓

图10-59 【自由变换】选项栏

- 【X】和【Y】：在【X】数值框中输入数值可以水平移动图像；在【Y】数值框中输入数值可以垂直移动图像。
- 【使用参考点相关定位】按钮：单击该按钮，可以指定相对于当前参考点位置的新参考点位置。
- 【W】和【H】：在【W】数值框中输入数值可以水平拉伸图像；在【H】数值框中输入数值可以垂直拉伸图像。如果选中【保持长宽比】按钮，则可以进行等比缩放。
- ∡数值框：在∡数值框中输入数值可以旋转图像。
- 【H】和【V】：在【H】数值框中输入数值可以水平斜切图像；在【V】数值框中输入数值可以垂直斜切图像。

## 10.4 相同大小的图像合成——【应用图像】命令

【应用图像】命令用来合成大小相同的两个图像，它可以将一个图像的图层和通道（源）与现用图像（目标）的图层和通道混合。如果两个图像的颜色模式不同，则可以对目标图层的复合通道应用单一通道。选择【图像】|【应用图像】命令，打开如图10-60所示的【应用图像】对话框。

图10-60 【应用图像】对话框

- 【源】下拉列表：该下拉列表中列出当前所有打开图像的名称，默认设置为当前的活动图像，从中可以选择一个源图像与当前的活动图像混合。
- 【图层】下拉列表：该下拉列表中的选项用于指定用源图像中的哪一个图层来进行运算。如果没有其他图层，则只能选择【背景】图层；如果源图像有多个图层，则该下拉列表中除包含各图层外，还有一个合并的选项，表示选择源图像的所有图层。
- 【通道】下拉列表：在该下拉列表中，可以指定使用源图像中的哪个通道进行运算。
- 【反相】复选框：选中该复选框，可以将【通道】中的蒙版内容进行反相。
- 【混合】下拉列表：该下拉列表中的选项用于选择合成模式。其中包含【相加】和【减去】两种合成模式，作用是增加和减少不同通道中像素的亮度值。当选择【相加】或【减去】合成模式时，在下方会出现【缩放】和【补偿值】两个数值框，设置不同的数值可以改变像素的亮度值。

- 【不透明度】数值框：用于设置运算结果对源图像的影响程度，与【图层】面板中的【不透明度】数值框作用相同。
- 【保留透明区域】复选框：用于保护透明区域。选中该复选框，表示只对非透明区域进行合并。若在目标图像中选择了【背景】图层，则该复选框不能使用。
- 【蒙版】复选框：若要为目标图像设置可选取范围，用户可以选中该复选框，将所选图像的蒙版应用到目标图像。通道、图层透明区域及快速遮罩都可以作为蒙版使用。

【练习10-5】使用【应用图像】命令合成图像。

（1）选择【文件】｜【打开】命令，打开两幅图像，如图10-61所示。

图10-61　打开图像

（2）选中1.jpg图像，选择【图像】｜【应用图像】命令，打开【应用图像】对话框，在对话框中的【源】下拉列表中选择2.jpg，在【通道】下拉列表中选择【红】，在【混合】下拉列表中选择【叠加】，如图10-62所示。

图10-62　应用【应用图像】命令1

（3）在【应用图像】对话框中，选中【蒙版】复选框，在【图像】下拉列表中选择1.jpg，在【通道】下拉列表中选择【绿】选项，选中【反相】复选框。设置完成后，单击【确定】按钮，如图10-63所示。

图10-63　应用【应用图像】命令2

## 10.5 结合工具的蒙版合成——图层蒙版

图层蒙版是一种灰度图像，它可以隐藏全部或部分当前图层的内容，以显示下面图层的内容。图层蒙版在图像合成中非常有用，可以灵活地用于调整颜色、应用滤镜和指定选择区域等。图层蒙版中的白色区域可以遮盖下面图层的内容，只显示当前图层的内容；黑色区域可以隐藏当前图层的内容，显示出下面图层的内容；灰色区域会根据其灰度值使当前图层中的图像呈现出不同层次的透明效果，如图10-64所示。

（a）原图　　　　　　　　（b）图层蒙版　　　　　　　　（c）效果

图10-64　应用图层蒙版

在【图层】面板中选择需要添加蒙版的图层后，单击面板底部的【添加图层蒙版】按钮 ，或者选择【图层】|【图层蒙版】|【显示全部】（或【隐藏全部】）命令即可创建图层蒙版，如图10-65所示。此时，该图层的缩览图右侧会出现一个图层蒙版缩览图的图标。每个图层只能有一个图层蒙版，如果已有图层蒙版，再次单击该按钮创建出的是矢量蒙版。图层组、文字图层、3D图层、智能对象等特殊图层都可以创建图层蒙版。

单击图层蒙版缩览图，接着可以使用【画笔】工具在蒙版中进行涂抹。蒙版中被绘制了黑色的部分，图像相应的部分会隐藏，如图10-66所示。蒙版中被绘制了白色的部分，图像相应的部分会显示。图层蒙版中被绘制了灰色的部分，图像相应的部分会以半透明的方式显示。使用【渐变】工具或【油漆桶】工具可以对图层蒙版进行填充。

图10-65　添加图层蒙版

图10-66　调整图层蒙版

如果图像中包含选区，选择【图层】|【图层蒙版】|【显示选区】命令，可基于选区创建图层蒙版；如果选择【图层】|【图层蒙版】|【隐藏选区】命令，则选区内的图像将被蒙版遮盖。用户也可以在创建选区后，直接单击【添加图层蒙版】按钮，基于选区生成图层蒙版，如图10-67所示。

【练习10-6】使用图层蒙版调整图像。

（1）选择【文件】|【打开】命令，打开一幅图像，如图10-68所示。

（2）选择【文件】|【置入嵌入对象】命令，打开【置入嵌入的对象】对话框，在对话框中选中所需的图像，然后单击【置入】按钮置入，如图10-69所示。

图10-67 基于选区生成图层蒙版

图10-68 打开图像　　　　　　　　　　图10-69 置入图像

（3）在【图层】面板中设置【图层1】图层的混合模式为【强光】，然后按Ctrl+T组合键应用【自由变换】命令，调整图像大小，如图10-70所示。

（4）在【图层】面板中，单击【添加图层蒙版】按钮。选择【画笔】工具，在选项栏中选中柔边圆画笔样式，设置【不透明度】为50%，然后在图像中进行涂抹，如图10-71所示。

图10-70 调整图像　　　　　　　　　　图10-71 添加图层蒙版

　　　　选择【图层】|【图层蒙版】命令，子菜单中包含了与蒙版有关的命令。选择【停用】命令可暂时停用图层蒙版，图层蒙版缩览图上会出现一个红的×；选择【启用】命令可重新启用蒙版；选择【应用】命令可以将图层蒙版应用到图像中；选择【删除】命令可删除图层蒙版。

# 10.6 在形状内显示或隐藏图像——矢量蒙版

矢量蒙版用于显示或隐藏指定的图像，它是通过【钢笔】工具或形状工具创建的蒙版。用户使用矢量蒙版可以创建分辨率较低的图像，并使图层内容与底层图像之间的过渡拥有光滑的形状和清晰的边缘。

要创建矢量蒙版，用户可以在图层中绘制路径后，在选项栏中单击【蒙版】按钮，将绘制的路径转换为矢量蒙版。

> **注意** 选择矢量蒙版所在的图层，选择【图层】|【栅格化】|【矢量蒙版】命令，可以栅格化矢量蒙版，将其转换为图层蒙版。

【练习10-7】使用矢量蒙版制作图像效果。

（1）选择【文件】|【打开】命令，打开一幅图像，如图10-72所示。

（2）选择【文件】|【置入嵌入对象】命令，打开【置入嵌入的对象】对话框，在对话框中选中所需的图像，然后单击【置入】按钮，如图10-73所示。

微课视频

图10-72 打开图像          图10-73 置入图像

（3）选择【钢笔】工具，在选项栏中设置工作模式为【路径】，单击【路径操作】按钮，在弹出的下拉列表中选择【排除重叠形状】选项，然后沿拖鞋边缘绘制路径，如图10-74所示。

（4）选择【图层】|【矢量蒙版】|【当前路径】命令创建矢量蒙版，如图10-75所示。

图10-74 创建路径          图10-75 创建矢量蒙版

（5）在【图层】面板中，双击置入的图像图层，打开【图层样式】对话框。在该对话框中，选中【投影】样式选项，设置【混合模式】为【正片叠底】、【不透明度】为75%、【角度】为125度、【距离】为40像素、【扩展】为15%、【大小】为85像素，然后单击【确定】按钮，如图10-76所示。

图10-76　添加图层样式

 **10.7** 根据图层合成图像——剪贴蒙版

剪贴蒙版包括基本图层和内容图层。基本图层位于下方，决定了图像的形状；内容图层位于上方，决定了图像显示的内容。内容图层可以是复合通道图像，也可以是填充图层或调整图层等。创建剪贴蒙版之后，内容图层将以基本图层的形状显示出来。这样，图像的内容不会受损，也便于移动或处理图像。

在【图层】面板中，选择【图层】|【创建剪贴蒙版】命令或在要应用剪贴蒙版的图层上右击，在弹出的快捷菜单中选择【创建剪贴蒙版】命令，抑或按住Alt键，将鼠标指针放在【图层】面板中分隔两组图层的线上，然后单击也可以创建剪贴蒙版。

【练习10-8】使用剪贴蒙版调整图像。

（1）选择【文件】|【打开】命令，打开一幅图像。选择【自由钢笔】工具，在选项栏中设置工作模式为【形状】，选中【磁性的】复选框，单击【路径操作】按钮，在弹出的下拉列表中选择【合并形状】命令，如图10-77所示。

图10-77　设置【自由钢笔】工具

（2）使用【自由钢笔】工具，依据图像绘制图10-78所示的形状。

图10-78　绘制形状

（3）在【图层】面板中，设置【形状1】图层的混合模式为【柔光】，如图10-79所示。

（4）选择【文件】|【打开】命令，打开另一幅图像。按Ctrl+A组合键全选图像，再按Ctrl+C组合键复制，如图10-80所示。

图10-79　设置图层的混合模式

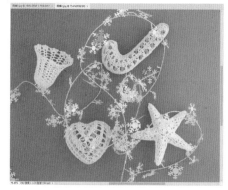

图10-80　打开并复制图像

（5）返回先前打开的图像，按Ctrl+V组合键粘贴图像。在【图层】面板中，设置【图层1】图层的混合模式为【强光】，并按Ctrl+T组合键调整图像大小及位置，如图10-81所示。

（6）在【图层】面板中，右击【图层1】图层，在弹出的快捷菜单中选择【创建剪贴蒙版】命令，如图10-82所示。

图10-81　粘贴图像

图10-82　创建剪贴蒙版

> **注意**　剪贴蒙版的内容图层不仅可以是普通的像素图层，也可以是调整图层、形状图层、填充图层等。使用调整图层作为剪贴蒙版的内容图层是非常常见的，主要可以用作对某一图层的调整而不影响其他图层。

# 第 11 章 人像照片修饰

本章将对人像照片的基本修饰进行详细讲解，以使用户快速掌握人像照片的处理方法与技巧。

## 11.1 修复人像照片的瑕疵

Photoshop的修复、修饰功能可以对数码照片中人物出现的一些瑕疵进行处理，使人物效果更加理想。

### 11.1.1 修复红眼问题

在拍摄室内照片和夜景照片时，常常会出现照片中人物眼睛发红的现象，即通常说的红眼问题。这是因为拍摄环境的光线不佳和摄影角度不当，导致数码相机不能正确识别人眼颜色而产生的。

使用Photoshop中的【红眼】工具可以移去用闪光灯拍摄人像或动物照片时产生的红眼，也可以移去用闪光灯拍摄的动物照片时产生的白色或绿色反光。

【练习11-1】修复图像中人物的红眼。

（1）打开一幅图像，按Ctrl+J组合键复制【背景】图层，如图11-1所示。

（2）选择【红眼】工具，在选项栏中设置【瞳孔大小】为80%、【变暗量】为50%，然后单击人物瞳孔处，如图11-2所示。

微课视频

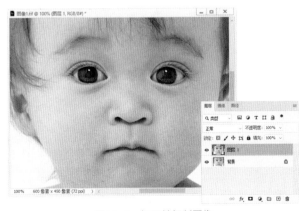

图11-1　打开并复制图像

图11-2　使用【红眼】工具

提示

选择工具面板中的【红眼】工具后，在图像中红眼处单击即可。如果对修正效果不满意，用户可还原修正操作，在工具的选项栏中重新设置【瞳孔大小】，增大/减小受【红眼】工具影响的区域或重新设置【变暗量】改变校正的暗度。

## 11.1.2 修复皮肤瑕疵

人像照片中，人物脸上常常会出现色斑、青春痘等瑕疵。用户利用Photoshop中的【修复画笔】工具就能简单对局部进行处理，以修复皮肤瑕疵。

【练习11-2】修复人物皮肤瑕疵。

（1）打开一幅图像，按Ctrl+J组合键复制【背景】图层，如图11-3所示。

（2）选择【污点修复画笔】工具，在选项栏中设置画笔样式，设置【大小】为50像素、【硬度】为0%、【间距】为1%，如图11-4所示。

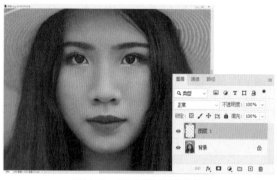

图11-3　打开图像并复制图层

图11-4　设置【污点修复画笔】工具

（3）使用【污点修复画笔】工具直接在人物皮肤瑕疵的地方涂抹，重复操作，直至完成修复，操作时可根据需要调整画笔大小，如图11-5所示。

图11-5　使用【污点修复画笔】工具

## 11.1.3 快速美白牙齿

用户通过Photoshop可以快速将人物的牙齿变得洁白。

【练习11-3】快速美白人物牙齿。

（1）打开一幅图像，按Ctrl+J组合键复制【背景】图层，如图11-6所示。

（2）选择【多边形套索】工具，在选项栏中设置【羽化】为4像素，然后为图像中人物牙齿部分创建选区，如图11-7所示。

（3）在【图层】面板中，单击【添加图层蒙版】按钮，为【图层1】添加图层蒙版。单击【图层1】图层缩览图，选择【海绵】工具，去除牙齿部分的颜色，如图11-8所示。

（4）选择【减淡】工具，在选项栏中设置画笔样式，然后在牙齿部分涂抹，以提亮牙齿颜色，如图11-9所示。

图11-6　打开并复制图像

图11-7　选取牙齿部分

图11-8　去除牙齿部分的颜色

图11-9　提亮牙齿的颜色

## 11.1.4　消除人物眼袋

人物照片中，一双美丽、有神的眼睛会让人物显得神采奕奕，但人物的眼袋常会影响到画面效果。用户使用Photoshop中的相关功能可以轻松解决这个问题。

- 【结构】下拉列表：选择1～7的值，以指定修补内容在反映现有图像的图案时应达到的近似程度。如果选择7，则修补内容将严格遵循现有图像的图案；如果选择1，则修补内容将不严格遵循现有图像的图案。
- 【颜色】下拉列表：选择0～10的值，以指定在多大程度上对修补内容应用颜色混合。如果选择0，则将禁用颜色混合；如果选择10，则将应用最大颜色混合。

【练习11-4】消除人物眼袋。

（1）打开一幅图像，按Ctrl+J组合键复制【背景】图层，如图11-10所示。

（2）选择【修补】工具，在选项栏中设置【修补】为【内容识别】，该选项可以识别选区附近的内容，将选区内的图像与周围的内容混合；设置【结构】为2、【颜色】为9。然后在图像中的眼袋位置绘制选区，并向下拖动选区，以其他部位的颜色修补眼袋部位，如图11-11所示。

微课视频

图11-10　打开并复制图像　　　　　　　　　图11-11　使用【修补】工具

（3）按Ctrl+D组合键取消选区，再使用步骤（2）中的操作方法去除另一侧眼袋，如图11-12所示。

（4）按Ctrl+J组合键复制【图层1】，选择【滤镜】|【模糊】|【表面模糊】命令，打开【表面模糊】对话框，设置【半径】为7像素、【阈值】为3色阶，然后单击【确定】按钮，如图11-13所示。

图11-12　去除另一侧眼袋　　　　　　　　　图11-13　应用【表面模糊】命令

（5）在【图层】面板中，设置【图层1拷贝】图层的【不透明度】为75%，如图11-14所示。

（6）在【图层】面板中，单击【添加图层蒙版】按钮，用【画笔】工具在图像中涂抹不想柔化的部分，如图11-15所示。

图11-14　设置图层不透明度　　　　　　　　图11-15　调整图层蒙版

## 11.2　修饰人物的脸形和体形——【液化】滤镜

【液化】滤镜的作用主要是制作图像的变形效果，常用于改变图形的外观或是修饰人像脸形和体形。【液化】滤镜使用方法比较简单，但功能相当强大，可以创建推、拉、旋转、扭曲和收缩等变形效果。

- 【向前变形】工具：选中该工具并按住鼠标左键拖动，可以向前推动像素。
- 【重建】工具：用于恢复变形的图像。在变形区域单击或拖动时，可以使变形的图像恢复到原来的效果。
- 【平滑】工具：可以对变形的像素进行平滑处理。
- 【顺时针旋转扭曲】工具：可以旋转像素。将鼠标指针移动到画面中，按住鼠标左键拖动即可顺时针旋转像素。如果按住Alt键进行操作，则可以逆时针旋转像素。
- 【褶皱】工具：可以使像素向画笔区域的中心移动，使图像产生内缩效果。
- 【膨胀】工具：可以使像素从画笔区域的中心向外移动，使图像产生向外膨胀的效果。
- 【左推】工具：选中该工具并按住鼠标左键从上至下拖动时像素会向右移动，反之像素向左移动。
- 【冻结蒙版】工具：如果对某个区域进行处理时不希望操作影响到其他区域，用户可以使用该工具绘制出冻结区域。
- 【解冻蒙版】工具：使用该工具在冻结区域涂抹，可以将其解冻。
- 【脸部】工具：单击该按钮，进入脸部编辑状态，Photoshop会自动识别人物的脸部形状及五官，并在脸部添加一些控制点，用户拖动控制点可以调整脸部形状及五官的形态，也可以在右侧的【属性】窗格中进行调整。

【练习11-5】使用【液化】滤镜修饰人物脸形和体形。

（1）打开一幅图像，选择【滤镜】|【液化】命令，打开【液化】对话框，如图11-16所示。

微课视频

（2）该对话框左侧为工具列表，其中包含多种可以对图像进行变形操作的工具。这些工具的操作方法非常简单，选中工具后在画面中按住鼠标左键并拖动即可观察到结果。变形操作的效果集中在画笔区域的中心，并且会随着在某个区域的重复拖动而得到增强。选中【向前变形】工具，在右侧【属性】窗格的【画笔工具选项】中，设置【大小】为100、【密度】为100、【压力】为30，然后在预览区域调整人物体形，如图11-17所示。

图11-16　打开【液化】对话框

图11-17　调整人物体形

提示

对话框右侧为属性设置区域，其中【画笔工具选项】用于设置工具大小、压力等参数；【人脸识别液化】用于针对五官及面部轮廓的各个部分进行设置；【载入网格选项】用于将当前变形操作以网格的形式进行存储，或者调用之前存储的液化网格；【蒙版选项】用于进行蒙版的显示、隐藏及反相等的设置；【视图选项】用于设置当前画面的显示方式；【画笔重建选项】用于将图层恢复到之前的效果。

（3）选择【脸部】工具，将鼠标指针停留在人物面部周围，调整显示的控制点可以调整脸形，如图11-18所示。

（4）在右侧【属性】窗格的【人脸识别液化】选项区域中，单击【眼睛】选项下【眼睛高度】中的⑧按钮，并设置数值为-100；单击【眼睛宽度】中的⑧按钮，并设置数值为100；单击【眼睛斜度】中的⑧按钮，并设置数值为-85。设置【鼻子】选项下【鼻子高度】为-100、【鼻子宽度】为-60。设置【嘴唇】选项下【微笑】为53、【上嘴唇】为-100、【嘴唇宽度】为100，然后单击【确定】按钮，如图11-19所示。

图11-18　调整人物脸形

图11-19　调整人物五官

# 11.3 人像照片的换肤技法

皮肤处理是人像照片处理的一大要点，皮肤的颜色、光泽及光滑度等都将直接影响照片的效果。在Photoshop中，用户使用相应的命令和工具可以快速解决人物皮肤粗糙、暗黄等问题，让人物变得白皙动人。

## 11.3.1 快速磨皮

【表面模糊】滤镜能够在保留边缘的同时模糊图像，可用来创建特殊效果并消除杂色或颗粒。使用该滤镜为人物磨皮，效果非常好。

【练习11-6】使用【表面模糊】滤镜调整图像。

（1）打开一幅图像，按Ctrl+J组合键复制【背景】图层，如图11-20所示。

（2）在【图层】面板中，右击【图层1】图层，在弹出的快捷菜单中选择【转换为智能对象】命令，如图11-21所示。

微课视频

图11-20　打开并复制图像

图11-21　将图像转换为智能对象

（3）选择【滤镜】|【模糊】|【表面模糊】命令，打开【表面模糊】对话框，在对话框中设置【半径】为5像素、【阈值】为14色阶，然后单击【确定】按钮应用设置，如图11-22所示。

图11-22 应用【表面模糊】命令

（4）在【图层】面板中，选中【图层1】图层，选择【画笔】工具，在选项栏中设置画笔样式为柔边圆、【不透明度】为20%，然后在图像中擦除不需要应用【表面模糊】滤镜的部分，如图11-23所示。

（5）按Ctrl+Shift+Alt+E组合键盖印图层，生成【图层2】图层。选择【污点修复画笔】工具，在选项栏中设置画笔样式为柔边圆，在【类型】选项中单击【近似匹配】按钮，然后进一步修复人物面部瑕疵，如图11-24所示。

图11-23 调整【智能滤镜】蒙版　　　　　　图11-24 修复人物面部瑕疵

## 11.3.2 提亮肤色

在Photoshop中，用户通过改变图层的混合模式可以快速提亮人物肤色。

【练习11-7】提亮人物肤色。

（1）打开一幅图像，按Ctrl+J组合键复制【背景】图层，如图11-25所示。

（2）按Ctrl+Shift+N组合键，打开【新建图层】对话框，在对话框的【模式】下拉列表中选择【柔光】选项，并选中【填充柔光中性色（50%灰）】复选框，单击【确定】按钮，如图11-26所示。

微课视频

图11-25 打开并复制图像　　　　　　图11-26 【新建图层】对话框

（3）在工具面板中将前景色设置为白色，选择【画笔】工具，在选项栏中设置画笔样式为柔边圆、【不透明度】为10%，然后在图像中涂抹脸部需要减淡的部位，如图11-27所示。

（4）在工具面板中将前景色设置为黑色，继续使用【画笔】工具在图像中涂抹脸部需要加深的部位，如图11-28所示。

图11-27　减淡肤色　　　　　　　　　　　　　　图11-28　加深细节

（5）按Ctrl+Shift+Alt+E组合键盖印图层，生成【图层3】图层。选择【滤镜】|【锐化】|【USM锐化】命令，打开【USM锐化】对话框。在该对话框中，设置【数量】为200%、【半径】为1.0像素，然后单击【确定】按钮，如图11-29所示。

（6）在【调整】面板中，单击【创建新的曲线调整图层】按钮。在打开的【属性】面板中，调整【RGB】通道曲线形状，如图11-30所示。

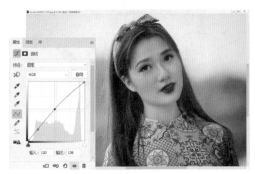

图11-29　应用【USM锐化】命令　　　　　　　　图11-30　调整细节

### 11.3.3　打造细腻肌肤

在Photoshop中处理人像照片时，打造光滑细腻的肌肤有利于进一步的处理。

【练习11-8】打造人物细腻肌肤。

（1）打开【练习11-2】修复后的图像，按Ctrl+J组合键复制【背景】图层，如图11-31所示。

（2）打开【通道】面板，将【蓝】通道拖动到【创建新通道】按钮上释放，创建【蓝 拷贝】通道。选择【滤镜】|【其他】|【高反差保留】命令，在打开的对话框中设置【半径】为10.0像素，然后单击【确定】按钮，如图11-32所示。

（3）选择【滤镜】|【其他】|【最小值】命令，在打开的对话框中设置【半径】为1像素，然后单击【确定】按钮，如图11-33所示。

（4）选择【图像】|【计算】命令，在对话框中单击展开【混合】下拉列表，选择【叠加】选项，然后单击【确定】按钮，如图11-34所示。

微课视频

图11-31 打开并复制图像

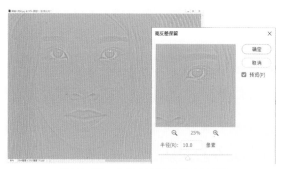

图11-32 应用【高反差保留】滤镜

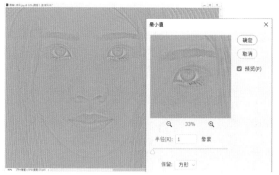

图11-33 应用【最小值】滤镜

图11-34 计算图层

（5）再使用两次【计算】命令，然后在【通道】面板中单击【将通道作为选区】按钮，载入选区，如图11-35所示。

（6）单击【RGB】通道，在【调整】面板中单击【创建新的曲线调整图层】按钮，在打开的【属性】面板中调整曲线形状，如图11-36所示。

图11-35 载入选区

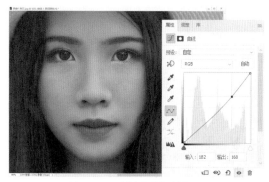

图11-36 创建曲线调整图层

（7）按Ctrl+Shift+Alt+E组合键盖印图层，生成【图层2】。打开【通道】面板，将【绿】通道拖动到【创建新通道】按钮上释放，创建【绿 拷贝】通道。选择【滤镜】|【其他】|【高反差保留】命令，在打开的对话框中设置【半径】为10.0像素，然后单击【确定】按钮，如图11-37所示。

（8）选择【滤镜】|【其他】|【最小值】命令，在打开的对话框中设置【半径】为1像素，然后单击【确定】按钮，如图11-38所示。

（9）选择【图像】|【计算】命令，在对话框中单击展开【混合】下拉列表，选择【叠加】选项，然后单击【确定】按钮，如图11-39所示。

（10）再使用两次【计算】命令，然后在【通道】面板中单击【将通道作为选区】按钮，载入选区，如图11-40所示。

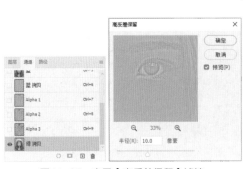

图11-37　应用【高反差保留】滤镜

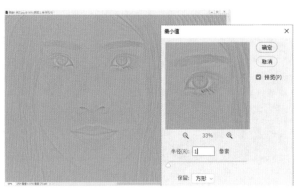

图11-38　应用【最小值】滤镜

图11-39　计算图层

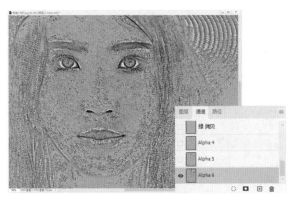

图11-40　载入选区

（11）单击【RGB】通道，并在【调整】面板中单击【创建新的曲线调整图层】按钮，在打开的【属性】面板中调整曲线形状，如图11-41所示。

（12）选中【图层2】图层，按Ctrl+J组合键复制图层，并将【图层2拷贝】图层放置在【图层】面板最上层。选择【滤镜】|【其他】|【高反差保留】命令，在打开的对话框中设置【半径】为5.0像素，然后单击【确定】按钮，如图11-42所示。

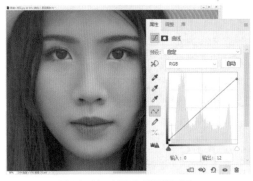

图11-41　创建曲线调整图层

图11-42　应用【高反差保留】滤镜

（13）在【图层】面板中，设置【图层2拷贝】图层的混合模式为【叠加】，并单击【添加图层蒙版】按钮，如图11-43所示。

（14）选择【画笔】工具，在选项栏中设置画笔样式为柔边圆，然后在人物面部不需要锐化的部分涂抹，如图11-44所示。

　注意　【最小值】滤镜具有伸展的效果，可以扩展黑色区域、收缩白色区域。

图11-43　设置图层的混合模式并添加图层蒙版

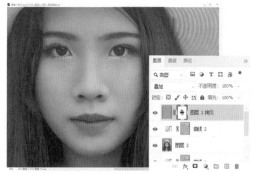

图11-44　调整图层蒙版

## 11.3.4　打造质感肤色

用户在给人物处理过肤质问题后，还可以通过调整色调为人物打造具有质感的肤色。

【练习11-9】打造质感肤色。

（1）选择【文件】|【打开】命令，打开一幅图像，如图11-45所示。

（2）在【调整】面板中，单击【创建新的曲线调整图层】按钮。在展开的【属性】面板中，调整【RGB】通道曲线形状，如图11-46所示。

图11-45　打开图像

图11-46　创建曲线调整图层

（3）在【调整】面板中，单击【创建新的可选颜色调整图层】按钮。在展开的【属性】面板中，设置【红色】下的【青色】为+70%、【洋红】为+12%、【黄色】为+12%，如图11-47所示。

（4）在【属性】面板中的【颜色】下拉列表中选择【黄色】选项，设置【青色】为+83%、【黄色】为-53%，如图11-48所示。

（5）在【属性】面板中的【颜色】下拉列表中选择【白色】选项，设置【洋红】为-25%、【黄色】为-15%，如图11-49所示。

（6）在【调整】面板中，单击【创建新的色彩平衡调整图层】按钮。在展开的【属性】面板中，设置中间调的色阶为+5、0、-5，如图11-50所示。

（7）在【属性】面板中的【色调】下拉列表中选择【阴影】选项，设置阴影的色阶为-10、0、-13，如图11-51所示。

（8）在【属性】面板中的【色调】下拉列表中选择【高光】选项，设置高光的色阶为-15、0、+30，如图11-52所示。

图11-47 调整红色

图11-48 调整黄色

图11-49 调整白色

图11-50 设置【中间调】

图11-51 设置【阴影】

图11-52 设置【高光】

（9）在【图层】面板中，选中【色彩平衡1】图层蒙版。选择【画笔】工具，在图像中涂抹人物头发、衣服及背景部分，如图11-53所示。

（10）按住Ctrl键单击【色彩平衡1】图层蒙版，载入选区。在【调整】面板中，单击【创建新的色相/饱和度调整图层】按钮。在展开的【属性】面板中，设置【饱和度】为-100，如图11-54所示。

图11-53　调整图层蒙版

图11-54　设置【饱和度】

（11）在【图层】面板中，设置【色相/饱和度1】图层的混合模式为【柔光】、【不透明度】为50%，如图11-55所示。

（12）按Ctrl+Shift+Alt+E组合键盖印图层，按住Ctrl键单击【色相/饱和度1】图层蒙版载入选区，再按Ctrl+Shift+I组合键反选，如图11-56所示。

图11-55　设置图层

图11-56　创建选区

（13）在【调整】面板中，单击【创建新的曲线调整图层】按钮。在展开的【属性】面板中，调整【RGB】通道曲线形状，如图11-57所示。

（14）在【属性】面板中，选中【红】通道，并调整曲线形状，如图11-58所示。

图11-57　调整【RGB】通道曲线形状

图11-58　调整【红】通道曲线形状

# 11.4 美化人像照片

对人像照片进行修饰后，用户还可以使用Photoshop中的工具和命令轻松地为人物添加各种出彩妆容，使人物形象更加立体。

## 11.4.1 添加美瞳效果

用户通过Photoshop可以快速使人物拥有美瞳效果。

【练习11-10】添加美瞳效果。

（1）打开图像，按Ctrl+J组合键复制【背景】图层，如图11-59所示。

（2）选择【画笔】工具，在选项栏中选择柔边圆画笔样式，设置【大小】为125像素、【硬度】为0%，如图11-60所示。

微课视频

图11-59 打开并复制图像　　　　　　　　　　图11-60 设置【画笔】工具

（3）在工具面板中，单击【以快速蒙版模式编辑】按钮，在快速蒙版模式下涂抹人物双瞳部分以创建蒙版，如图11-61所示。

（4）单击【以标准模式编辑】按钮，载入选区，如图11-62所示。

图11-61 创建快速蒙版　　　　　　　　　　图11-62 载入选区

（5）按Ctrl+Shift+I组合键反选，在【调整】面板中，单击【创建新的色阶调整图层】按钮。在展开的【属性】面板中，设置【RGB】通道输入色阶为24、1.25、193，如图11-63所示。

（6）在【属性】面板中，单击通道下拉列表框右侧的按钮，选择【红】通道，并设置输入色阶为20、1.17、201，如图11-64所示。

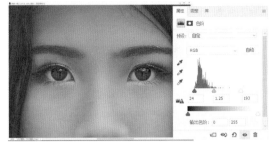

图11-63　设置【RGB】通道输入色阶

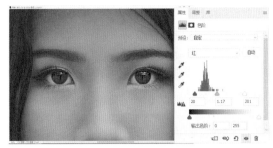

图11-64　设置【红】通道输入色阶

（7）按Ctrl+Shift+Alt+E组合键盖印图层，生成【图层2】图层。选择【加深】工具，在选项栏中设置画笔样式为柔边圆、【曝光度】为30%，然后加深瞳孔上部边缘，如图11-65所示。

（8）选择【减淡】工具，在选项栏中设置画笔样式为柔边圆、【曝光度】为20%，然后减淡瞳孔下部，如图11-66所示。

图11-65　使用【加深】工具

图11-66　使用【减淡】工具

## 11.4.2　打造动人双唇

在Photoshop中，用户可以通过为人物嘴唇添加唇彩效果，并调亮画面色调，使人物嘴唇丰润起来，增加人物魅力。

【练习11-11】打造动人双唇。

（1）选择【文件】|【打开】命令，打开一幅图像。选择【多边形套索】工具，在选项栏中设置【羽化】为4像素，然后选中人物唇部，如图11-67所示。

（2）在【图层】面板中，单击【创建新的填充或调整图层】按钮，在弹出的菜单中选择【纯色】命令。在打开的【拾色器】对话框中，设置填充颜色为R:204、G:0、B:102，然后单击【确定】按钮，如图11-68所示。

图11-67　创建选区

图11-68　添加颜色

（3）在【图层】面板中，设置【颜色填充1】图层的混合模式为【线性加深】、【不透明度】为45%，如图11-69所示。

（4）在【图层】面板中，按住Ctrl键单击【颜色填充1】图层蒙版，载入选区。然后选择【选择】|【修改】|【羽化】命令，打开【羽化选区】对话框，设置【羽化半径】为4像素，然后单击【确定】按钮，如图11-70所示。

图11-69　创建填充图层

图11-70　羽化选区

（5）在【调整】面板中，单击【创建新的渐变映射调整图层】按钮。在【图层】面板中，设置图层的混合模式为【颜色减淡】，如图11-71所示。

（6）按Ctrl+Shift+Alt+E组合键盖印图层，生成【图层1】图层。选择【污点修复画笔】工具，在选项栏中设置画笔样式为柔边圆，然后修饰唇部细节，如图11-72所示。

图11-71　创建渐变映射调整图层

图11-72　修饰唇部细节

（7）在【图层】面板中，按住Ctrl键单击【渐变映射1】图层蒙版，载入选区。选择【滤镜】|【模糊】|【高斯模糊】命令，打开【高斯模糊】对话框。在对话框中，设置【半径】为0.5像素，然后单击【确定】按钮，如图11-73所示。

（8）按Ctrl+D组合键取消选区，选择【减淡】工具，在选项栏中设置画笔样式为柔边圆、【曝光度】为10%，然后调整唇部的受光效果，如图11-74所示。

图11-73　应用【高斯模糊】滤镜

图11-74　使用【减淡】工具

### 11.4.3 改变头发颜色

用户使用Photoshop可以改变人物的头发颜色，通过设置颜色和图层混合模式，即可轻松地让人物获得染发后的效果。

【练习11-12】改变头发颜色。

（1）打开一幅图像，在【图层】面板中单击【创建新图层】按钮，新建【图层1】，并设置图层的混合模式为【叠加】，如图11-75所示。

（2）在【颜色】面板中，设置颜色为R:159、G:30、B:54。选择【画笔】工具，在选项栏中设置画笔样式为柔边圆，然后在人物头发处涂抹，如图11-76所示。

图11-75　打开图像并新建图层

图11-76　使用【画笔】工具

（3）在【图层】面板中单击【添加图层蒙版】按钮，在选项栏中设置【不透明度】为10%，然后使用【画笔】工具在【图层1】图层蒙版中涂抹以进一步修饰发色，如图11-77所示。

图11-77　修饰发色

179

# 第12章 风景照片美化

本章主要介绍风景照片的拼合、光影的处理，以及添加特效来强化画面的氛围和意境等内容，从而让普通的风景照片变得更加生动有趣。

## 12.1 去除全景照片的晕影与色差——【Photomerge】命令

【Photomerge】命令可以将多幅图像组合成一幅全景图像，同时进行校正。

【练习12-1】使用【Photomerge】命令制作全景图像。

（1）选择【文件】|【自动】|【Photomerge】命令，打开【Photomerge】对话框，如图12-1所示。

（2）在【Photomerge】对话框中，单击【浏览】按钮，打开【打开】对话框。在【打开】对话框中选择需要拼合的图像，然后单击【确定】按钮，如图12-2所示。

图12-1 【Photomerge】对话框

图12-2 打开图像

（3）选中【晕影去除】复选框和【内容识别填充透明区域】复选框，然后单击【确定】按钮拼合图像，如图12-3所示。

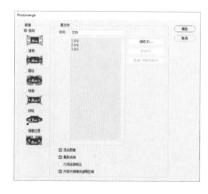

图12-3 拼合图像

# 12.2 对齐图像拼合全景照片——【自动对齐图层】命令

【自动对齐图层】命令可以根据不同图层中的相似内容自动进行匹配，并自行叠加。用户想要自动对齐图像，首先要将图像置入同一文档中，在【图层】面板中选择要对齐的图像后，再选择【编辑】|【自动对齐图层】命令。

【练习12-2】使用【自动对齐图层】命令制作全景图像。

（1）选择【文件】|【打开】命令，打开多幅图像，如图12-4所示。

（2）在3.jpg图像中，右击【图层】面板中的【背景】图层，在弹出的快捷菜单中选择【复制图层】命令。在打开的【复制图层】对话框的【文档】下拉列表中选择1.jpg，然后单击【确定】按钮，如图12-5所示。

图12-4 打开图像文件

图12-5 复制图层

（3）选中2.jpg图像，右击【图层】面板中的【背景】图层，在弹出的快捷菜单中选择【复制图层】命令。在打开的【复制图层】对话框的【文档】下拉列表中选择1.jpg，然后单击【确定】按钮，如图12-6所示。

（4）选中1.jpg图像，在【图层】面板中，按住Alt键双击【背景】图层，将其转换为【图层0】图层，并选中3个图层，如图12-7所示。

图12-6 复制图层

图12-7 选中图层

（5）选择【编辑】|【自动对齐图层】命令，在打开的【自动对齐图层】对话框中选中【拼贴】单选按钮，然后单击【确定】按钮，如图12-8所示。

图12-8 自动对齐图层

## 12.3 混合图像拼合全景照片——【自动混合图层】命令

当通过匹配或组合图像创建拼贴图像时，源图像之间的曝光差异可能会导致组合图像的过程中出现接缝等现象。【自动混合图层】命令可以在最终图像中生成平滑过渡的效果。Photoshop将根据需要对每个图层应用图层蒙版，以遮盖过度曝光或曝光不足的区域或内容差异，并创建无缝拼合。

【练习12-3】使用【自动混合图层】命令混合图像。

（1）打开一幅图像，接着置入另一幅图像，并将置入图像的图层栅格化，如图12-9所示。

图12-9 置入图像

（2）按住Ctrl键选中两个图层，选择【编辑】|【自动对齐图层】命令，打开【自动对齐图层】对话框，选中【拼贴】单选按钮，然后单击【确定】按钮，如图12-10所示。

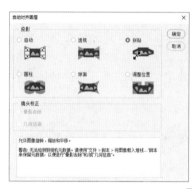

图12-10 自动对齐图层

（3）选择【编辑】|【自动混合图层】命令，在打开的【自动混合图层】对话框中选中【堆叠图像】单选按钮，单击【确定】按钮，如图12-11所示。

图12-11 自动混合图层

- 【全景图】单选按钮：将重叠的图层混合成全景图像。
- 【堆叠图像】单选按钮：混合每个相应区域中的最佳细节。对于已对齐的图层，该选项最适用。

## 12.4 风景照片光影处理

用户可以通过Photoshop增加风景照片中的光影效果，增强画面的空间感。

### 12.4.1 增强层次感

想要增强图像的层次感，用户可以通过设置图层的混合模式使暗部区域更暗、亮部区域更亮来提高对比度。

【练习12-4】增强层次感。

（1）选择【文件】|【打开】命令，选择打开一幅图像。在【通道】面板中，按住Ctrl键单击【RGB】通道，载入选区，如图12-12所示。

（2）在【图层】面板中，按Ctrl+J组合键复制选区图像，创建【图层1】，并设置图层的混合模式为【叠加】，如图12-13所示。

微课视频

图12-12 载入【RGB】通道选区

图12-13 复制并调整选区内图像

（3）返回【通道】面板，按住Ctrl键单击【红】通道，载入选区，如图12-14所示。

（4）返回【图层】面板，按Ctrl+J组合键复制选区图像，创建【图层2】，并设置图层的混合模式为【滤色】、【不透明度】为50%，如图12-15所示。

图12-14 载入【红】通道选区

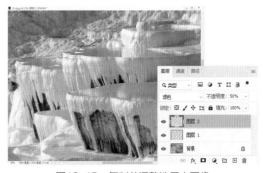

图12-15 复制并调整选区内图像

（5）返回【通道】面板，按住Ctrl键单击【绿】通道，载入选区，如图12-16所示。

（6）返回【图层】面板，按Ctrl+J组合键复制选区图像，创建【图层3】，并设置图层的混合模式为【亮光】、【不透明度】为70%，如图12-17所示。

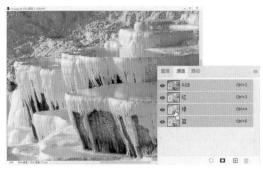

图12-16　载入【绿】通道选区

图12-17　复制并调整选区内图像

（7）返回【通道】面板，按住Ctrl键单击【蓝】通道，载入选区，如图12-18所示。

（8）返回【图层】面板，按Ctrl+J组合键复制选区图像，创建【图层4】，并设置图层的混合模式为【叠加】、【不透明度】为70%，如图12-19所示。

图12-18　载入【蓝】通道选区

图12-19　复制并调整选区内图像

## 12.4.2　消除雾霾

曝光过度会削弱画面的对比度，让画面显得灰蒙蒙的、没有层次感，不能突显出主体。对此，用户可提高图像的对比度，以及利用曝光度校正图像的灰度等。

【练习12-5】消除图像的雾霾。

（1）选择【文件】|【打开】命令，打开一幅图像，按Ctrl+J组合键复制【背景】图层，如图12-20所示。

（2）选择【滤镜】|【Camera Raw滤镜】命令，打开【Camera Raw】对话框。在对话框的【基本】面板中，设置【曝光】为+0.60、【对比度】为+15、【高光】为-20、【阴影】为-10、【白色】为+50、【黑色】为-5、【去除薄雾】为+65、【清晰度】为+15，如图12-21所示。

微课视频

图12-20　打开并复制图像

图12-21　调整图像

（3）在对话框中，展开【混色器】面板，并单击【饱和度】选项卡，设置【橙色】为-40、【黄色】为+10、【紫色】为-100、【洋红】为-100，然后单击【确定】按钮，关闭【Camera Raw】对话框，如图12-22所示。

（4）选择【滤镜】|【锐化】|【USM锐化】命令，打开【USM锐化】对话框。在对话框中，设置【数量】为50%、【半径】为0.5像素、【阈值】为0色阶，然后单击【确定】按钮，如图12-23所示。

图12-22　调整图像色彩　　　　　　　　图12-23　锐化图像

## 12.4.3　添加透射光效果

在阳光下拍摄自然风光会使拍摄的数码照片更加生动，但有时很难捕捉到阳光洒落的效果，用户通过Photoshop中的滤镜可以为图像添加光线照射的效果。

【练习12-6】为图像添加透射光效果。

（1）选择【文件】|【打开】命令，打开一幅图像，按Ctrl+J组合键复制【背景】图层，如图12-24所示。

（2）打开【通道】面板，按住Ctrl键单击【绿】通道，载入选区，并按Ctrl+C组合键复制选区内的图像，如图12-25所示。

图12-24　打开并复制图像　　　　　　　图12-25　载入【绿】通道选区

（3）在【图层】面板中，单击【创建新图层】按钮，新建【图层2】图层。按Ctrl+V组合键，将【绿】通道图像粘贴在【图层2】图层中，如图12-26所示。

（4）选择【滤镜】|【模糊】|【径向模糊】命令，打开【径向模糊】对话框，选中【缩放】单选按钮，在【中心模糊】区域中单击设置缩放中心点，设置【数量】为80，然后单击【确定】按钮，如图12-27所示。

（5）在【图层】面板中，设置【图层2】图层的混合模式为【变亮】，如图12-28所示。

（6）按住Ctrl键单击【图层2】缩览图，载入选区。单击【创建新图层】按钮，新建【图层3】图层，并按Ctrl+Delete组合键将选区填充为白色，如图12-29所示。

图12-26　粘贴图像

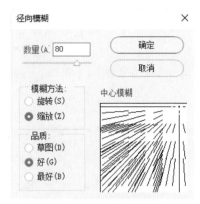

图12-27　应用【径向模糊】滤镜

图12-28　设置图层的混合模式

图12-29　创建并填充图层

（7）按Ctrl+D组合键取消选区，关闭【图层3】图层视图，选择【图层2】图层，单击【添加图层蒙版】按钮添加图层蒙版。选择【画笔】工具，在选项栏中设置画笔样式为柔边圆、【不透明度】为50%，然后在图层蒙版中涂抹，如图12-30所示。

（8）打开【图层3】图层视图，设置图层的混合模式为【柔光】，如图12-31所示。

图12-30　添加图层蒙版

图12-31　设置图层的混合模式

（9）按Ctrl+Shift+Alt+E组合键盖印图层，选择【滤镜】|【渲染】|【镜头光晕】命令，打开【镜头光晕】对话框。在该对话框中，选中【电影镜头】单选按钮，设置【亮度】为110%，并设置中心点位置，然后单击【确定】按钮，如图12-32所示。

（10）在【调整】面板中，单击【创建新的亮度/对比度调整图层】按钮。在展开的【属性】面板中，设置【亮度】为-5、【对比度】为40，如图12-33所示。

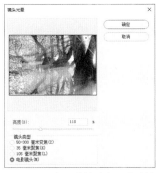

图12-32 应用【镜头光晕】滤镜

图12-33 调整亮度/对比度

## 12.4.4 添加晚霞效果

在Photoshop中，用户可以通过拼合功能为图像添加晚霞效果。

【练习12-7】为图像添加晚霞效果。

（1）选择【文件】|【打开】命令，打开一幅图像。选择【矩形选框】工具，沿地平线框选天空部分，创建选区，如图12-34所示。

图12-34 创建选区

（2）选择【文件】|【打开】命令，打开一幅晚霞素材图像。按Ctrl+A组合键全选图像，并按Ctrl+C组合键复制，如图12-35所示。

（3）选中之前的图像，选择【编辑】|【选择性粘贴】|【贴入】命令，粘贴图像，并按Ctrl+T组合键应用【自由变换】命令，调整图像的大小及位置，如图12-36所示。

图12-35 打开并复制图像

图12-36 粘贴图像并调整

（4）按住Ctrl键单击【图层1】图层蒙版缩览图，载入选区，按Ctrl+Shift+I组合键反选。选择【编辑】|【选择性粘贴】|【贴入】命令，接着选择【编辑】|【变换】|【垂直翻转】命令，然后按Ctrl+T组合键应用【自由变换】命令，调整图像的大小及位置，如图12-37所示。

（5）在【图层】面板中，设置【图层2】图层的混合模式为【正片叠底】、【不透明度】为70%，如图12-38所示。

图12-37　粘贴并变换图像

图12-38　设置图层的混合模式

（6）在【图层】面板中，选中【图层2】图层蒙版缩览图，选择【画笔】工具，在选项栏中选择柔边圆画笔样式，设置【不透明度】为20%，然后在图像中涂抹不需要被覆盖的部分，如图12-39所示。

（7）在【图层】面板中，选中【图层1】图层蒙版缩览图，将前景色设置为白色，使用【画笔】工具在蒙版边缘涂抹，如图12-40所示。

图12-39　调整图层蒙版

图12-40　调整图层蒙版

# 12.5　风景特效处理

处理风景照片的过程中，用户使用Photoshop中的滤镜命令、调整命令及图层混合模式可以为画面添加各种特殊效果，增强画面氛围。

## 12.5.1　变换季节色彩

用户通过Photoshop可以变换风景照片的季节色彩。

【练习12-8】变换风景照片中的季节色彩。

（1）选择【文件】|【打开】命令，打开一幅图像，如图12-41所示。

（2）在【调整】面板中，单击【创建新的通道混合器调整图层】按钮，

微课视频

打开【属性】面板。在【属性】面板中，设置【红】输出通道的【红色】为+70%、【绿色】为+200%、【蓝色】为-200%、【常数】为-4%，如图12-42所示。

图12-41 打开图像

图12-42 调整【红】输出通道

（3）在【输出通道】下拉列表中选择【蓝】通道，设置【绿色】为+4%、【蓝色】为+120%，如图12-43所示。

（4）在【调整】面板中，单击【创建新的黑白调整图层】按钮，打开【属性】面板。在【图层】面板中设置【黑白1】图层的混合模式为【滤色】，如图12-44所示。

图12-43 调整【蓝】输出通道

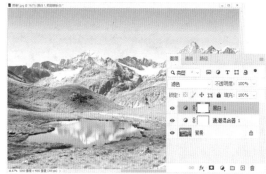
图12-44 创建黑白调整图层

（5）在【属性】面板中，设置【红色】为82、【黄色】为108、【绿色】为40、【青色】为43、【蓝色】为20、【洋红】为33，如图12-45所示。

（6）在【调整】面板中，单击【创建新的色相/饱和度调整图层】按钮，打开【属性】面板。在【属性】面板中，设置【饱和度】为-12，如图12-46所示。

图12-45 调整图像

图12-46 创建色相/饱和度调整图层

（7）按Ctrl+Shift+Alt+E组合键盖印图层，生成【图层1】。在【调整】面板中，单击【创建新的可选颜色调整图层】按钮，打开【属性】面板。在【属性】面板中，设置【红色】通道的【青色】为-100%、【洋红】为-44%、【黄色】和【黑色】为+100%，如图12-47所示。

（8）在【颜色】下拉列表中选择【白色】选项，设置【黑色】为+100%，如图12-48所示。

图12-47　创建可选颜色调整图层

图12-48　调整颜色

（9）在【调整】面板中，单击【创建新的渐变映射调整图层】按钮。设置图层的混合模式为【正片叠底】、【填充】为35%，如图12-49所示。

图12-49　创建渐变映射调整图层

## 12.5.2　添加闪电效果

闪电不仅难得一见，而且瞬息万变、难以捕捉，但用户利用Photoshop可以为图像添加闪电效果。

【练习12-9】为图像添加闪电效果。

（1）选择【文件】|【打开】命令，打开一幅图像，按Ctrl+J组合键复制【背景】图层，如图12-50所示。

（2）选择【滤镜】|【Camera Raw滤镜】命令，打开【Camera Raw】对话框。在该对话框的【基本】折叠面板中，设置【色温】为-35、【曝光】为+0.35、【高光】为-23、【阴影】为+100、【黑色】为+60，然后单击【确定】按钮，如图12-51所示。

（3）选择【文件】|【置入嵌入对象】命令，打开【置入嵌入的对象】对话框。在该对话框中，选择所需的图像，然后单击【置入】按钮。调整置入图像的大小及位置，并按Enter键应用置入，如图12-52所示。

（4）双击置入图像图层，打开【图层样式】对话框。按住Alt键单击【混合选项】中【本图层】黑色滑块的右侧滑块，将其拖动至靠近白色滑块处，如图12-53所示。

（5）按住Alt键单击【混合选项】中【本图层】黑色滑块的左侧滑块，将其拖动至数值75处，然后单击【确定】按钮，如图12-54所示。

微课视频

图12-50　打开并复制图像

图12-51　调整曝光

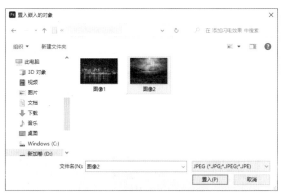

图12-52　置入图像

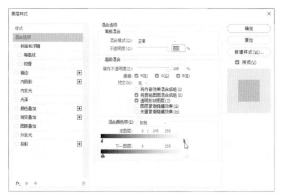

图12-53　调整图层混合选项

图12-54　调整图层混合选项

### 12.5.3　添加飞雪效果

雪后拍摄的数码照片缺少了下雪的场景，似乎显得有些单调，用户使用Photoshop可以为数码照片添加雪花飘舞的效果。

【练习12-10】为图像添加飞雪效果。

（1）选择【文件】|【打开】命令，选择打开一幅图像，如图12-55所示。

（2）在【调整】面板中，单击【创建新的色彩平衡调整图层】按钮。在展开的【属性】面板中，设置【中间调】通道的色阶为-7、+25、+55，如图12-56所示。

微课视频

图12-55 打开图像

图12-56 创建色彩平衡调整图层

（3）在【属性】面板的【色调】下拉列表中选择【阴影】选项，设置色阶为0、0、+15，如图12-57所示。

（4）在【图层】面板中，单击【创建新图层】按钮，新建【图层1】图层，按Alt+Delete组合键使用前景色填充图层，如图12-58所示。

图12-57 调整图像

图12-58 创建并调整图层

（5）选择【画笔】工具，按F5键打开【画笔】面板。在【画笔笔尖形状】选项中选择柔边圆画笔样式，设置【大小】为40像素、【角度】为10°、【硬度】为20%、【间距】为150%，如图12-59所示。

（6）选中【形状动态】复选框，设置【大小抖动】为100%、【角度抖动】为100%、【圆度抖动】为34%，如图12-60所示。

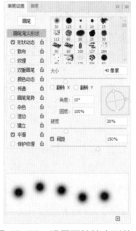

图12-59 设置画笔笔尖形状

图12-60 设置画笔形状动态

（7）选中【散布】复选框，设置【散布】为800%。按X键切换前景色和背景色，使用【画笔】工具在【图层1】的黑色背景上拖动制作雪花效果，如图12-61和图12-62所示。

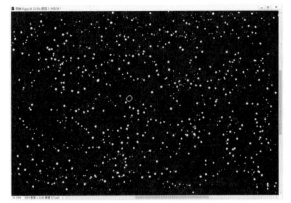

图12-61　设置画笔散布　　　　　　　　图12-62　制作雪花效果

（8）选择【滤镜】|【杂色】|【添加杂色】命令，在打开的【添加杂色】对话框中设置【数量】为8%，选中【平均分布】单选按钮，单击【确定】按钮，如图12-63所示。

（9）选择【滤镜】|【模糊】|【动感模糊】命令，打开【动感模糊】对话框。在对话框中，设置【角度】为65度、【距离】为30像素，单击【确定】按钮，如图12-64所示。

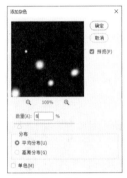

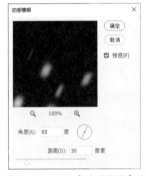

图12-63　添加杂色　　　　　　　　图12-64　应用【动感模糊】滤镜

（10）在【图层】面板中，设置【图层1】图层的混合模式为【滤色】、【不透明度】为85%，如图12-65所示。

（11）在【图层】面板中，单击【添加图层蒙版】按钮。在【画笔】工具的选项栏中设置画笔大小为300像素、【不透明度】为20%，然后在图像中涂抹以调整雪花效果，如图12-66所示。

图12-65　设置图层的混合模式　　　　　　图12-66　添加图层蒙版

（12）按Ctrl+J组合键复制【图层1】图层，生成【图层1拷贝】图层。设置【图层1拷贝】图层的混合模式为【叠加】、【不透明度】为20%，如图12-67所示。

（13）选择【滤镜】|【模糊】|【动感模糊】命令，打开【动感模糊】对话框。在该对话框中，设置【角度】为45度、【距离】为75像素，单击【确定】按钮，如图12-68所示。

图12-67 复制并调整图层

图12-68 应用【动感模糊】滤镜

## 12.5.4 添加雨天效果

在现实生活中，用户无法改变拍摄数码照片时的天气状况，但使用Photoshop可以轻松实现天气转变，如在数码照片中添加下雨的效果。

【练习12-11】为图像画面添加雨天效果。

（1）选择【文件】|【打开】命令，打开一幅图像，按Ctrl+J组合键复制背景图层，如图12-69所示。

（2）在【图层】面板中，右击【图层1】图层，在弹出的快捷菜单中选择【转换为智能对象】命令。然后选择【滤镜】|【滤镜库】命令，打开【滤镜库】对话框。在该对话框中，选中【艺术效果】滤镜组中的【干画笔】滤镜，设置【画笔大小】为2、【画笔细节】为8、【纹理】为1，如图12-70所示。

微课视频

图12-69 打开并复制图像

图12-70 应用【干画笔】滤镜

（3）在【滤镜库】对话框中，单击【新建效果图层】按钮，选择【扭曲】滤镜组中的【海洋波纹】滤镜，设置【波纹大小】为1、【波纹幅度】为4，然后单击【确定】按钮，如图12-71所示。

（4）在【图层】面板中，单击【创建新图层】按钮，新建【图层2】图层。按Alt+Delete组合键，对【图层2】图层进行填充，如图12-72所示。

图12-71 应用【海洋波纹】滤镜

图12-72 新建并填充图层

（5）选择【滤镜】|【杂色】|【添加杂色】命令，打开【添加杂色】对话框。在该对话框中，设置【数量】为20%，选中【高斯分布】单选按钮，单击【确定】按钮后关闭对话框，如图12-73所示。

（6）选择【图像】|【调整】|【阈值】命令，打开【阈值】对话框。在该对话框中，设置【阈值色阶】为80，然后单击【确定】按钮，如图12-74所示。

图12-73　应用【添加杂色】滤镜

图12-74　调整阈值

（7）选择【滤镜】|【模糊】|【动感模糊】命令，打开【动感模糊】对话框。在该对话框中，设置【角度】为78度、【距离】为100像素，单击【确定】按钮，如图12-75所示。

（8）在【图层】面板中，将【图层2】图层的混合模式设置为【滤色】。选择【图像】|【调整】|【色阶】命令，打开【色阶】对话框。在该对话框中，设置输入色阶为2、1.00、29，然后单击【确定】按钮，如图12-76所示。

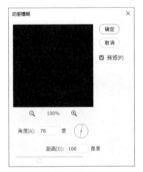

图12-75　应用【动感模糊】滤镜

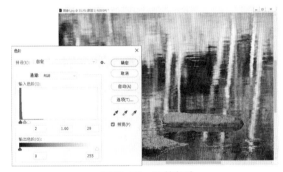

图12-76　调整色阶

（9）选择【滤镜】|【锐化】|【USM锐化】命令，打开【USM锐化】对话框。在该对话框中，设置【数量】为150%、【半径】为5像素、【阈值】为0色阶，然后单击【确定】按钮，如图12-77所示。

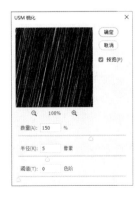

图12-77　锐化图像

### 12.5.5 添加薄雾效果

雾天不是经常能遇到的天气状况，但用户利用Photoshop可以轻松制作出这一效果。

【练习12-12】为图像添加薄雾效果。

（1）选择【文件】|【打开】命令，打开一幅图像，按Ctrl+J组合键复制【背景】图层，如图12-78所示。

（2）选择【滤镜】|【渲染】|【云彩】命令，应用【云彩】滤镜，如图12-79所示。

图12-78　打开并复制图像

图12-79　应用【云彩】滤镜

（3）在【图层】面板中，将【图层1】图层的混合模式设置为【滤色】，并单击【图层】面板中的【添加图层蒙版】按钮，为【图层1】图层添加蒙版，如图12-80所示。

（4）选择【画笔】工具，在选项栏中设置画笔为柔边圆画笔样式、【不透明度】为20%。然后在图像中涂抹，使薄雾效果看起来更加自然，如图12-81所示。

图12-80　调整图层的混合模式并添加图层蒙版

图12-81　调整图层蒙版

（5）在【图层】面板中，选中【背景】图层。在【调整】面板中，单击【创建新的色阶调整图层】按钮。在展开的【属性】面板中，设置【RGB】通道输入色阶为21、1.00、255，如图12-82所示。

（6）在【属性】面板中选择【绿】通道，并设置输入色阶为27、1.5、255，如图12-83所示。

图12-82　调整RGB通道输入色阶

图12-83　调整【绿】通道输入色阶

（7）在【属性】面板中选择【蓝】通道，并设置输入色阶为34、1.64、255，如图12-84所示。

图12-84　调整【蓝】通道输入色阶

## 12.5.6　添加小景深效果

小景深最突出的特点便是能使环境虚化、主体清晰，这是突出主体的有效方法之一。景深越小，这种环境虚化越强烈，主体也就越突出。

Photoshop中的【光圈模糊】滤镜是一个单点模糊滤镜，用户可以根据不同的要求对焦点的大小与形状、图像其余部分的模糊数量，以及清晰区域与模糊区域之间的过渡效果进行相应的设置。

【练习12-13】为图像制作小景深效果。

（1）选择【文件】|【打开】命令，打开一幅图像，按Ctrl+J组合键复制【背景】图层，如图12-85所示。

（2）选择【滤镜】|【模糊画廊】|【光圈模糊】命令，打开【光圈模糊】工作区。在该工作区中可以看到画面中添加了一个控制点且带有控制框，控制框以外的区域为被模糊的区域，在工作区右侧设置【模糊】的数值可控制模糊的程度，如图12-86所示。

图12-85　打开并复制图像　　　　　　图12-86　应用【光圈模糊】滤镜

（3）在画面上，将鼠标指针放置在控制框上，可以缩放、旋转控制框。单击并按住鼠标左键拖动控制框右上角的控制点即可改变控制框的形状，拖动控制框内侧的圆形控制点可以调整模糊过渡的效果，如图12-87所示。调整完成后，单击工作区中的【确定】按钮应用设置。

图12-87　调整光圈模糊

## 12.5.7 添加移轴摄影效果

移轴摄影是一种特殊的摄影方式，能使所拍摄的数码照片中的景物像是微缩模型一样。用户使用【移轴模糊】滤镜可以轻松地模拟移轴摄影效果。

【练习12-14】为图像添加移轴摄影效果。

微课视频

（1）选择【文件】|【打开】命令，打开一幅图像，按Ctrl+J组合键复制【背景】图层，如图12-88所示。

（2）选择【滤镜】|【模糊画廊】|【移轴模糊】命令，打开【移轴模糊】工作区。在【模糊工具】面板中，设置【模糊】为20像素，设置【扭曲度】为100%，选中【对称扭曲】复选框，如图12-89所示。

图12-88　打开并复制图像　　　　图12-89　应用【移轴模糊】滤镜

（3）如果想要调整画面中清晰区域的范围，用户可以按住并拖动中心点，如拖动上下两端的虚线可以调整清晰和模糊范围的过渡效果，如图12-90所示。调整完成后，单击工作区中的【确定】按钮应用设置。

图12-90　调整【移轴模糊】效果

# 第13章 | RAW格式照片编辑

RAW格式图像是直接由CCD或CMOS感光元件取得的原始图像信息，其必须经过后期处理才能转换为通用格式的图像。用户还可以将RAW格式图像照片在Photoshop中做进一步调整，以达到美化的目的。

## 13.1 熟悉Camera Raw界面

RAW格式图像包含相机捕获的所有数据，如感光度、快门速度、光圈值、白平衡等。RAW格式是未经处理和压缩的图像格式，因此又被称为"数字底片"。【Camera Raw滤镜】命令专门用于处理Raw格式图像，它可以解释原始数据，对白平衡、色调范围、对比度、颜色饱和度、锐化进行调整。

打开一幅图像，选择【滤镜】|【Camera Raw滤镜】命令（或按Ctrl+Shift+A组合键），打开图13-1所示的【Camera Raw】对话框。【Camera Raw】对话框右侧的参数设置区中集中了大量的图像调整选项，这些选项被分为多个组，以折叠面板的形式显示在对话框中。单击折叠面板名称前的图标，可展开其包含的选项。该对话框左侧为图像处理预览区域。单击右下角的 按钮可以在修改前和修改后视图之间进行切换，以便查看处理前后的图像，如图13-2所示。长按右侧面板上的 图标也可以暂时隐藏图像处理结果。

图13-1 【Camera Raw】对话框

图13-2 查看处理前后的图像

- 在【基本】面板中可使用滑块对图像的白平衡、色温、色调、曝光度、高光、阴影等进行调整。
- 在【曲线】面板中可使用曲线微调色调等级，还可在参数曲线、点曲线、红色通道、绿色通道和蓝色通道中进行选择。
- 在【细节】面板中可使用滑块调整锐化程度并减少杂色，如图13-3所示。
- 在【混合器】面板中可在【HSL】（色相、饱和度、明亮度）和【颜色】之间进行选择，以调整图像中的不同色相，如图13-4所示。
- 在【颜色分级】面板中可使用色轮精确调整阴影、中间调和高光中的色相，如图13-5所示，也可以调整这些色相的【混合】与【平衡】数值。

图13-3【细节】面板 　　　　图13-4【混色器】面板 　　　　图13-5【颜色分级】面板

- 在【光学】面板中能够调整扭曲度和晕影，使用【去边】选项还可以对图像中的紫色或绿色色相进行采样和校正，如图13-6所示。
- 在【几何】面板中可调整不同类型的透视和色阶校正，选择【限制裁切】可在应用【几何】调整后快速移除白色边框，如图13-7所示。
- 在【效果】面板中可使用滑块添加颗粒或晕影，如图13-8所示。

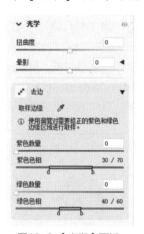

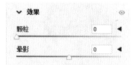

图13-6【光学】面板 　　　　图13-7【几何】面板 　　　　图13-8【效果】面板

- 在【校准】面板中可从【处理】菜单中选择【处理版本】，并调整阴影、红主色、绿主色和蓝主色滑块。

【Camera Raw】对话框的右侧边缘还包含几个工具按钮。

- 【污点去除】工具可以修复或复制图像的特定区域，将图像中的干扰元素去除。选中【污点去除】工具，在显示的【修复】选项区域中单击展开【文字】下拉列表，在其中可以选择工具工作模式，然后设置工具的【大小】、【羽化】、【不透明度】，如图13-9所示，然后在需要去除的位置单击或涂抹，即可修复或仿制图像。用户如果对编辑后的结果不满意，可以拖动仿制源处的绿色控制柄，使用仿制源处的图像遮盖原位置。
- 选中右侧的【红眼】工具，在显示的【红眼】选项区域下的【文字】下拉列表中可以选择要去除红眼的对象，然后设置瞳孔大小和变暗程度。其设置方法与工具面板中的【红眼】工具的设置方式相似。
- 选中【蒙版】工具，在显示的【创建新蒙版】选项区域中可以选择需要编辑的区域，如图13-10所示。创建蒙版后，在其下方显示的设置选项中编辑图像效果。

图13-9　选中【污点去除】工具

图13-10　选中【蒙版】工具

- 选中【预设】工具，在显示的面板中可以浏览和应用不同人像、风格、样式、主题等高级预设，如图13-11所示。再单击【更多设置】按钮，在弹出的菜单中选择【创建预设】命令还可以添加自定义预设。在打开的【创建预设】对话框中，用户可以为自定义预设一个名称，并选择所包含的编辑选项，然后单击【确定】按钮创建预设，如图13-12所示。

图13-11　显示预设

图13-12　创建预设

# 13.2 使用【Camera Raw】对话框调整数码照片

【Camera Raw】对话框中提供了曝光度、对比度、高光、阴影、清晰度和饱和度等选项，用户通过这些选项可快速调整数码照片的白平衡、影调、颜色等。

## 13.2.1 调整白平衡

白平衡就是在不同光线条件下，调整红、绿、蓝三原色的比例，根据3种色光的组合调整拍摄后数码照片的色调与色温。

在【基本】面板的【白平衡】选项区域中，各选项的相关参数与作用如下。

- **【白平衡】滑块**：用于快速设置数码照片的白平衡。单击【白平衡】旁的✐按钮后，用户可以在数码照片中单击指定中性色，并自动设定【色温】和【色调】。
- **【色温】滑块**：可改变数码照片的整体颜色，提高数码照片的饱和度。向左拖动【色温】滑块，数码照片整体偏蓝；向右拖动【色温】滑块，数码照片整体偏黄。用户也可直接输入相应的数值进行调整，数值越小，数码照片越蓝；数值越大，数码照片越黄。
- **【色调】滑块**：可以快速调整数码照片的色调。向左拖动【色调】滑块可增加数码照片中的绿色成分；向右拖动【色调】滑块可增加数码照片中的洋红色成分。该选项可用于修正荧光灯或其他带光源的环境下所产生的色偏。

【练习13-1】调整图像的白平衡。

（1）在【Camera Raw】对话框中，打开一幅图像，如图13-13所示。

（2）在【基本】面板中，设置【白平衡】为【自定】，调整【色温】为-70、【色调】为-10，如图13-14所示。

微课视频

图13-13　打开图像

图13-14　调整白平衡

（3）设置完成后，单击【确定】按钮关闭【Camera Raw】对话框。

**注意**

【基本】面板中的【白平衡】下拉列表中包括【原照设置】、【自动】、【日光】、【阴天】、【阴影】、【白炽灯】、【荧光灯】、【闪光灯】、【自定】9个选项，选择不同的选项可调整相应选项下的白平衡设置，如图13-15所示。如果打开的图像是JPEG格式的，那么该下拉列表中只有【原照设置】、【自动】、【自定】3个选项。选择【自动】选项可以自动调整图像的白平衡。

图13-15　【白平衡】预设选项

## 13.2.2　调整曝光度

曝光度决定数码照片整体亮度，当曝光过度时数码照片会很亮，当曝光不足时数码照片会很暗。用户使用Camera Raw中的【曝光】滑块可以快速调整数码照片的曝光度，向左拖动滑块或输入负参数可减少曝光；向右拖动滑块或输入正参数可增加曝光。

用户还可以通过【基本】面板中的【对比度】、【高光】、【阴影】、【黑色】、【白色】滑块快速调整数码照片的影调。它们的具体作用如下。

· 【对比度】滑块：用于设置数码照片的对比度。

· 【高光】滑块：用于调整数码照片高光区域的曝光效果。

- 【阴影】滑块：用于调整数码照片阴影区域的曝光效果。
- 【黑色】滑块：用于压暗或提亮数码照片中的黑色像素。
- 【白色】滑块：用于压暗或提亮数码照片中的白色像素。

【练习13-2】调整图像的曝光等。

（1）在【Camera Raw】对话框中，打开一幅图像，如图13-16所示。

（2）在【基本】面板中，设置【曝光】为-0.85、【对比度】为+20、【阴影】为-20、【黑色】为-45，如图13-17所示。

微课视频

图13-16 打开图像

图13-17 调整曝光等

（3）在【基本】面板的【白平衡】选项区域中，设置【色温】为-20，如图13-18所示。

（4）在【基本】面板中，设置【清晰度】为+20、【自然饱和度】为-5，如图13-19所示。

图13-18 调整白平衡

图13-19 调整清晰度等

（5）设置完成后，单击【确定】按钮关闭【Camera Raw】对话框。

### 13.2.3 调整清晰度和饱和度

用户可通过设置【基本】面板中的【清晰度】、【自然饱和度】、【饱和度】滑块调整数码照片的清晰度和饱和度。其中，【清晰度】滑块用于调整数码照片的清晰程度，常用于柔化人物的皮肤。【自然饱和度】滑块用于调整数码照片的细节部分，向左拖动滑块或输入负值，则降低数码照片的饱和度，使数码照片产生类似单色的效果；向右拖动滑块或输入正值，则提高数码照片细节部分的饱和度。【饱和度】滑块用于进一步设置数码照片的色彩饱和度，其应用效果比【自然饱和度】的应用效果更加强烈。

【练习13-3】调整图像的清晰度和饱和度等。

（1）在【Camera Raw】对话框中，打开一幅图像，如图13-20所示。

（2）在【基本】面板中，设置【曝光】为+1.00、【对比度】为+20、【清晰度】为+50，如图13-21所示。

微课视频

图13-20　打开图像

图13-21　调整曝光等

（3）在【基本】面板中，设置【自然饱和度】为+66、【白色】为+30、【黑色】为-40、【去除薄雾】为+15，如图13-22所示。

（4）展开【细节】面板，设置【锐化】为25、【减少杂色】为15，如图13-23所示。

图13-22　调整自然饱和度

图13-23　调整细节

（5）设置完成后，单击【确定】按钮关闭【Camera Raw】对话框，应用参数设置。

## 13.2.4　调整色相和色调

在【基本】面板中对色调进行调整后，用户可以展开【曲线】面板对图像进行微调。在该面板中，有【单击以编辑参数曲线】和【单击以编辑点曲线】两种调整方式。默认显示的是【单击以编辑点曲线】选项，用户可以使用Photoshop中的【曲线】命令对图像进行调整。单击【单击以编辑参数曲线】选项，此时可拖动【高光】、【亮调】、【暗调】、【阴影】滑块来针对这几个参数进行微调，如图13-24所示。向右拖动滑块时，曲线上扬，所调整的色调会变亮；向左拖动滑块时，曲线下降，所调整的色调会变暗。这种调整方式可以避免由于调整强度过大而损坏图像。

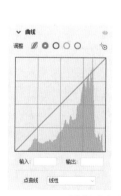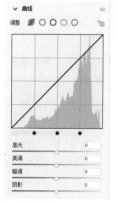
图13-24　【曲线】面板

【练习13-4】调整图像的色相和色调。

（1）在【Camera Raw】对话框中，打开一幅图像，如图13-25所示。

（2）在【基本】面板中，设置【曝光】为+0.45、【对比度】为+10、【清晰度】为+35，如图13-26所示。

图13-25　打开图像　　　　　　　　　图13-26　调整曝光等

（3）展开【曲线】面板，设置【亮调】为+15、【暗调】为+40，如图13-27所示。

（4）在【曲线】面板中，单击【单击以编辑蓝色通道】选项，并调整【蓝色】通道曲线形状，如图13-28所示。

图13-27　调整色调　　　　　　　　　图13-28　调整【蓝色】通道曲线形状

（5）在【通道】下拉列表中选择【绿色】选项，并调整【绿色】通道曲线形状，如图13-29所示，改变画面色彩效果。调整完成后，单击【确定】按钮关闭【Camera Raw】对话框，应用参数设置。

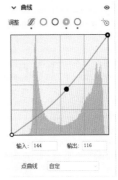

图13-29　调整【绿色】通道曲线形状

## 13.2.5　对数码照片进行锐化、降噪

锐化和降噪是一种修饰技巧。用户打开【Camera Raw】对话框后，设置【细节】面板中的选项可调

整数码照片的锐化和降噪程度。

【练习13-5】对图像进行锐化和降噪。

（1）在【Camera Raw】对话框中，打开一幅图像，如图13-30所示。

（2）在【基本】面板中，设置【曝光】为+1、【阴影】为+80，如图13-31所示。

图13-30　打开图像　　　　　　　　　　　图13-31　调整曝光和阴影

（3）展开【细节】面板，设置【锐化】为150、【减少杂色】为45、【杂色深度减低】为45，如图13-32所示。设置完成后，单击【确定】按钮关闭【Camera Raw】对话框，应用参数设置。

图13-32　对图像进行锐化和降噪

# 13.3　使用【Camera Raw】对话框修饰数码照片

【Camera Raw】对话框提供了一组工具，用户使用这些工具可以修饰图像。

## 13.3.1　使用【污点去除】工具

【Camera Raw】对话框中的【污点去除】工具可以修复、仿制图像中选中的区域。

【练习13-6】去除图像的污点。

（1）在【Camera Raw】对话框中，打开一幅图像，如图13-33所示。

（2）选中【污点去除】工具，在右侧面板中的【文字】下拉列表中选择【修复】选项，设置【大小】为80、【羽化】为50，如图13-34所示。

图13-33　打开图像

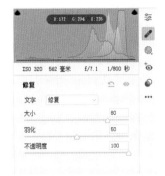

图13-34　设置【污点去除】工具

中的【修复】选项

（3）使用【污点去除】工具涂抹需要修复的位置，移动取样区域，直到满意的修复效果出现在选定区域中，如图13-35所示。

（4）在【文字】下拉列表中选择【仿制】选项，设置【大小】为40、【羽化】为100，如图13-36所示。

图13-35　修复图像

图13-36　设置【污点去除】工具

中的【仿制】选项

（5）使用【污点去除】工具涂抹需要仿制的位置，当选定区域附近出现的取样区域时，移动取样区域，直至获得满意的效果，如图13-37所示。

（6）使用相同的方法，在图像中选择仿制源位置，并在画面中需要去除的位置进行涂抹，如图13-38所示。

图13-37　仿制图像

图13-38　进一步仿制图像

（7）设置完成后，单击【确定】按钮关闭【Camera Raw】对话框，应用参数设置。

### 13.3.2 使用【色彩范围】工具

【色彩范围】工具可以在图像上创建蒙版，调整单击点的曝光度、色相、饱和度和明度等参数。

【练习13-7】使用【色彩范围】工具制作色彩抽离效果。

（1）在【Camera Raw】对话框中，打开一幅图像，在对话框右侧长按【蒙版】工具，在显示的列表中选择【色彩范围】工具，如图13-39所示。

（2）将鼠标指针移动至图像背景区域单击，设置取样颜色，并设置【调整】为85，如图13-40所示。

图13-39 打开图像并选择【色彩范围】工具

图13-40 调整取样颜色

（3）在对话框右侧的【颜色】面板中，设置【色相】为+126、【饱和度】为+20，如图13-41所示。

（4）在对话框右侧的【效果】面板中，设置【纹理】为+22、【清晰度】为+100，如图13-42所示。

（5）设置完成后，单击【确定】按钮关闭【Camera Raw】对话框，应用参数设置。

图13-41 调整颜色

图13-42 调整效果

### 13.3.3 使用【画笔】工具

【画笔】工具的使用方法是通过涂抹在图像需要调整的区域创建蒙版，然后调整所选区域的色调、饱和度和锐化程度。

【练习13-8】使用【画笔】工具修饰图像。

（1）在【Camera Raw】对话框中，打开一幅图像，在对话框右侧长按【蒙版】工具，在显示的列表中选择【画笔】工具，如图13-43所示。

（2）在对话框中设置【大小】为5、【羽化】为50、【浓度】为30，然后在图像中人物逆光部位涂抹以添加蒙版，如图13-44所示。

图13-43 打开图像并选择【画笔】工具　　　　图13-44 添加蒙版

（3）取消【显示叠加】复选框，设置【高光】为-100、【阴影】为+100、【白色】为-50，调整面部阴影，如图13-45所示。

（4）在对话框右侧面板中单击【橡皮擦】工具，并设置【大小】为5、【羽化】为80、【流动】为100，然后修饰蒙版细节，如图13-46所示。设置完成后，单击【确定】按钮关闭【Camera Raw】对话框，应用参数设置。

图13-45 调整阴影　　　　图13-46 修饰蒙版细节

### 13.3.4 使用【线性渐变】工具

【线性渐变】工具可以调整图像局部的曝光度、亮度、对比度、饱和度和清晰度等。

【练习13-9】使用【线性渐变】工具修饰图像。

（1）在【Camera Raw】对话框中，打开一幅图像，在对话框右侧长按【蒙版】工具，在显示的列表中选择【线性渐变】工具，如图13-47所示。

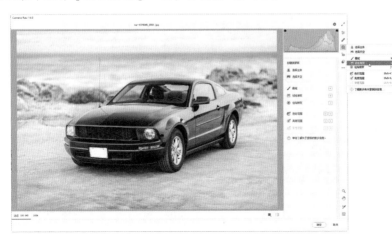

微课视频

图13-47 打开图像并选择【线性渐变】工具

（2）在需要调整的区域单击并拖动，创建线性渐变蒙版。然后在展开的面板中，设置【曝光】为-0.30、【色温】为-100，如图13-48所示。

图13-48　创建渐变蒙版

（3）在右侧面板中单击【创建新蒙版】按钮，在弹出的列表中选择【线性渐变】工具，然后在画面下部单击并拖动添加新的渐变蒙版，如图13-49所示。

图13-49　创建新的渐变蒙版

（4）在右侧面板中，设置【曝光】为+0.23、【高光】为-100、【阴影】为-20、【白色】为-7、【黑色】为-5、【色温】为+60，如图13-50所示。

图13-50　调整图像效果

（5）设置完成后，单击【确定】按钮关闭【Camera Raw】对话框，应用参数设置。

### 13.3.5　使用【径向渐变】工具

【径向渐变】工具可以调整图像中特定区域的色温、色调、清晰度、曝光度和饱和度等，突出想要展示的主体。

【练习13-10】使用【径向滤镜】工具修饰图像。

（1）在【Camera Raw】对话框中，打开一幅图像，在对话框右侧长按【蒙版】工具，在显示的列表中选择【径向渐变】工具，如图13-51所示。

微课视频

图13-51 打开图像并选择【径向渐变】工具

（2）在需要编辑的区域中单击并拖动，创建一个椭圆形蒙版，以确定处理区域，如图13-52所示。

图13-52 创建椭圆形蒙版

（3）在右侧面板中，设置【曝光】为+0.30、【对比度】为+35、【高光】为-20，如图13-53所示。

（4）在右侧面板中，设置【色温】为+100、【色相】为-4.5、【饱和度】为+100，如图13-54所示。

图13-53 设置曝光、对比度和高光

图13-54 设置颜色

（5）在右侧面板中，单击【创建新蒙版】按钮，在弹出的列表中选择【径向渐变】工具，然后在图像预览区域中单击并拖动，创建新的渐变蒙版，如图13-55所示。

（6）在右侧面板中，设置【色温】为+100、【色调】为+100、【饱和度】为+100、【去除薄雾】为+40，如图13-56所示。

图13-55　创建新蒙版

图13-56　调整图像

（7）设置完成后，单击【确定】按钮关闭【Camera Raw】对话框，应用参数设置。

　　　拖动径向渐变的中心可以移动蒙版，拖动蒙版的4个手柄可以调整蒙版应用区域的大小，在蒙版边缘外拖动则可以旋转蒙版。